中国关心下一代工作委员会
中 国 教 育 科 学 研 究 院
联合推荐

婴幼儿成长指导丛书

胎孕篇

主编　王书荃

教育科学出版社
·北　京·

编 委 会

关注婴幼儿成長
托起明天的太阳

顾秀蓮
二〇二二年
二月二十六日

致婴幼儿家长朋友的一封信

亲爱的家长朋友：

您好！

当一个婴儿降生在您的家里，请您不要怀疑：那是上天赐给您的礼物，那是一个天使降临在您的家里。随着婴儿的生命像鲜花般逐日绽放，您会惊讶生命的神奇和绽放的壮丽。由于生命成长绽放的过程不能预演，不能彩排，更无法重来，所以我们要怀着无限的敬畏之心去呵护，何况生命的初年是弥足珍贵的。

0～6岁是人一生中最重要的华年，它之所以重要，是由于人生的最初六年奠定了人一生的生命质量要素：健康、智能、体能、性格和习惯。由于人生的华彩篇章往往是在成年呈现的，所以人们常常忽略幼年和童年的生命奠基价值，其实人成年后生命的质量和形态都能从幼年和童年的生活经历中找到根由。早期教育就是要重视和提高人生命初年的生活质量，为未来的人生奠定良好的基础。

一个人生命初年的生活质量，既关乎个体、关乎家庭，也关乎国家与民族的未来。党和政府非常重视儿童的健康成长，相继出台了一系列政策法规，意在为儿童成长创造良好的环境。儿童最主要的成长环境是家庭，家庭是孩子的第一个课堂，父母是孩子的第一任教师。做好家庭教育指导，就是为孩子建设好第一个课堂，培训好第一任教师，这无疑是非常有意义的事。培养好孩子不仅是为个人和家庭创造福祉，也是为我们的国家和社会创造美好的未来。

为促进婴幼儿健康发展，2014年，中国关心下一代工作委员会事业发展中心重新发起了“百城万婴成长指导计划”这一公益项目。这个项目旨在通过资源整合，服务创新，搭建公益平台，开展多项活动，向广大城乡婴幼儿家庭宣传普及科学育儿知识，提供普惠的、科学的、便捷的早教服务，为千千万万婴幼儿家庭带去关爱和帮助。这套“婴幼儿成长指导丛书”的编写就是这一公益项目的重要组成部分，是这个项目开展父母大课堂活动的讲课蓝本，也是通过互联网向广大婴幼儿家庭宣传早教知识的基本素材。

这套丛书的编写者都是早教专家和富有经验的早教一线工作者，他们在做好本职工作的同时，应中国关心下一代工作委员会之邀，通力合作，日以继夜勤奋笔耕，完成了这套丛书的编撰，其敬业与勋劳令人感佩。这套丛书的编写得到了北京硅谷和教育科学出版社的鼎力支持，得到了社会各界的热心帮助。

希望这套丛书能为您和广大读者带来帮助，有所裨益，也希望得到您的批评和指教！

祝：您的宝宝健康成长，您的家庭安康幸福！

中国关心下一代工作委员会事业发展中心

2014 年 10 月

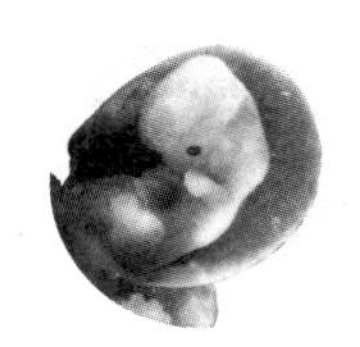

Preface 前言

新生命的孕育为家庭带来喜悦的同时，也带来了责任。俗话说："三岁看大，七岁看老。"现代科学证明：改变一生、影响未来的是生命最初的一千天。

人的健康从还是一颗受精卵开始就在打基础了，整个孕期，胎儿吸收大量的营养，迅速地完成身体各个器官和功能的发育。出生第 1 年，孩子的身体以令人惊喜的速度迅速长大；两岁时，孩子的大脑重量已是出生时的 3 倍；3 岁时，孩子已经具备了基本的情绪反应，掌握了沟通所需的基本语言能力。因此，0 ～ 3 岁是个体感官、动作、语言、智力发展的关键时期，奠定了其生理和心理发展的基础。但是，许多年轻父母在还没有完全形成父母意识的时候，就匆匆地担任起了为人父母的重要角色。做父母需要学习，养育孩子的过程也就是父母学习和成长的过程。父母如果具备了养育孩子必需的知识，就可以充分利用孕育生命和婴儿出生后头两三年的重要发育阶段，给胎儿提供充足而均衡的营养，为婴幼儿提供尽可能多的外部刺激，来促进孩子发育，帮助孩子发展自然的力量。

父母既要懂得一些护理、保健的知识又要掌握科学喂养的技巧，更重要的是通过情绪、情感的关怀和适宜的亲子游戏活动，为孩子的一生创造一个良好的开端，为未来的发展奠定良好的基础。

中国关心下一代工作委员会事业发展中心发起了“百城万婴成长指导计划”，包括“百城百站”“百城千园”“百城万婴”系列项目，从网络建设、工作站点、亲子园到对0～3岁婴幼儿的指导，系统地构建了促进儿童早期发展的管理和服务体系。为落实“百城万婴成长指导计划”，受事业发展中心委托，我们编写了这套“婴幼儿成长指导丛书”。本套丛书依年龄分为《胎孕篇》《婴儿篇》（0～1岁）、《幼儿篇（上）》（1～2岁）、《幼儿篇（下）》（2～3岁）四册，按照生命发生发展的过程，从各个阶段的状态特点、保育、教育等方面，为准父母、新手父母做了系统、全面而详尽的说明、解惑和指导。

本套丛书，以年龄轴线作为分册的依据，每一年龄段从“特点”“养育”“教育”三个维度出发，通过8个板块（生活素描、成长指标、科学喂养、生活护理、保健医生、动作发展、智力发展、社会情感），系统、全面地向家长展示了0～3岁儿童生长发育的全过程，在这个基础上，教家长适时、适宜、适度地养育和教育孩子，以促进其全面健康发展。

我们希望这套“婴幼儿成长指导丛书”能给家长带来崭新的育儿观念、丰富的育儿知识和科学的育儿方法，让孩子在良好的环境中健康地成长。

王书荃

2014年10月于北京

contents
目录

第一章　婚前保健与孕前准备

第二章　孕早期

第三章　孕中期

第四章　孕晚期

第五章 分娩与产褥期保健

第一章

婚前保健与孕前准备

第一节　婚前保健

婚前保健是为即将步入结婚圣殿的情侣提供的一种健康服务。

1994年颁布的《中华人民共和国母婴保健法》明确规定，婚前保健包括婚前卫生指导、婚前卫生咨询和婚前医学检查三项内容。

一、婚前卫生指导

（一）性生理与生育

❶ 男、女生殖系统

（1）女性生殖系统：包括内、外生殖器及骨盆和骨盆底。

外生殖器包括阴阜、大阴唇、小阴唇、阴蒂、前庭（前庭球、前庭大腺、尿道口、阴道口和处女膜）。

内生殖器包括阴道、子宫、卵巢和输卵管。

（2）男性生殖系统：由外生殖器和内生殖器组成。

外生殖器包括阴囊和阴茎。

内生殖器包括生殖腺体（睾丸）、排精管道（附睾、输精管、射精管和尿道）以及附属腺体（精囊腺、前列腺和尿道球腺）。

男性生殖器到青春期时开始发育，发育成熟后即具有了生殖功能。

（3）男、女性发育

男、女生殖器官在青春期前发

特别提示

男女青年应该对自己或异性的性器官解剖与性生理知识有所了解，要知道男性和女性生殖系统包括哪些器官、在什么部位、有什么功能，了解性反应过程，可以和谐夫妻关系。

育缓慢，处于幼稚状态，进入青春期后，在性激素的作用下迅速发育。

女性生殖器官与第二性征（乳房、阴毛、腋毛）从8～13岁开始发育（平均为11岁），月经初潮标志性功能发育成熟。

男性生殖器官与第二性征（阴毛、腋毛、喉结、胡须、变声）从10～15岁开始发育（平均为13岁），出现排精标志性功能发育成熟。

❷ 性生理反应

性生理反应过程可分为性的兴奋期、持续期、高潮期、消退期，消退期以后出现不应期。兴奋期是性生活的准备阶段，持续期、高潮期是性交阶段，性欲消退期是性生活的结束阶段。

❸ 新婚避孕

新婚夫妇在性生活方面正处于适应阶段，性生活比较频繁，生殖能力旺盛，新婚期间不宜怀孕，应选择适合自己的避孕方法。

常用的避孕方法有：口服短效或探亲避孕药；男用阴茎套或女用阴道隔膜；避孕药膜、药膏、药片、药栓等。

内服或外用避孕药应在医生的指导下使用；停用避孕药半年后才可以怀孕。

特别提示

新婚期间不宜怀孕：新婚期间怀孕，往往出现自然流产或子女出生缺陷。原因有以下三种。

1. 为筹办婚事，夫妻身心疲惫，受孕环境不佳，新婚蜜月怀孕，胎儿大多不健康。

2. 新婚期间，亲朋好友往来频繁，劳心伤神，饮酒伤身。身体劳累和饮酒都不利于受孕。因为烟酒过多会使男性精子畸形，女性卵子受损。据调查，新婚妊娠多造成胎儿发育不良或畸形，容易造成早产、流产或胎死宫内等危害。

3. 新婚宴尔，小夫妻性生活频繁，且精神比较紧张，精子和卵子的质量也不高。另外，新婚期间男女双方对性生活还不适应，尤其是女性，雌激素分泌不正常，这些情况都不利于优生。

（二）性征与性心理

包括男女性征、性欲、性行为、性道德等基本知识。

❶ 男女性征的类型

（1）第一性征，即两性生殖器的差别。

（2）第二性征，即两性青春期的生理差别。

（3）第三性征，即两性在气质、风度等心理因素上的差别。

❷ 性欲与性行为

性欲是指个体渴望与另一个体发生性关系或肉体接触的愿望。

性行为指个体旨在满足性欲和获得性快感而出现的动作与活动。

性欲并不是一成不变的，随着年龄、季节、健康、环境和心理状态会有波动，有的女性还受排卵的影响，在排卵前期有一时性的性欲亢进表现。

性欲与年龄有一定关系。青春期前，性器官未发育，所以性欲不明显；青春期后，性器官成熟，激素分泌旺盛，性欲也就明显增强。性生活次数也随年龄而变化。中年以后，由于激素水平的下降，性欲逐渐减弱，性生活次数也相应减少。

雄性激素是男性性欲的驱动力，男人如果脑垂体、肾上腺、睾丸或性神经系统患有重病，会导致雄性激素不足，失去性欲。

特别提示

性欲释放、性的兴奋，男性为冲动型，来得快，去得也快；而女性却与男性相反，性欲是逐步唤起的，来得缓慢，去得也缓慢。这是影响夫妻性生活和谐的主要障碍。所以在性交之前，男方应先做一些启示、诱导和爱抚等准备动作，等女方出现了性兴奋的信号（如阴道分泌物增多等）和要求时，再开始进行。这样就能使双方的高潮同时出现，达到满意的结果。如果男方突然性起，强制而行，并且急迫射精，草率收兵，然后酣然入睡，而女方则兴奋始发，没有得到性的满足，天长日久就会直接影响夫妻感情。

特别提示

性道德标准：

1. 双方自愿原则。自愿是以不违反社会公德为前提。

2. 无伤原则。不伤自己，不伤对方，不伤后代，不造成精神污染。

3. 爱的原则。躯体感受与心理感受有机融合。

4. 婚姻缔约原则。《中华人民共和国婚姻法》第八条明确规定："要求结婚的男女双方必须亲自到婚姻登记机关进行结婚登记。……取得结婚证，即确立夫妻关系。"有法律保障的性行为才是合乎道德的。

5. 性禁忌原则。某些遗传病及家庭伦理道德都有性禁忌要求。

6. 科学计划生育原则。

3 性道德

性道德是指人类调整两性性行为的社会规范的总和。

性道德集中地表现在家庭婚姻道德领域，其内容较广。从恋爱、结婚，到生育、抚养后代，历经漫长的岁月，需要有维护家庭、忠贞配偶、繁衍后代、白头偕老的信念和意志。一味追求性行为的新奇感等某些不利于恪守性道德的行为，是遵守性道德、家庭婚姻道德的最大危险。

（三）性卫生

性卫生指的是性生理卫生和性心理卫生，即通过性卫生保健，以实现性健康，达到提高生活质量的目的。

性卫生和性健康是生殖健康的组成部分。世界卫生组织提出，生殖健康概括了与人类生殖有关的一系列问题，它包括健康的性生活，防止性传播疾病，育龄男女有效地

特别提示

保持性器官的卫生：不洁性交可引发男方或女方的尿道炎、膀胱炎、肾盂肾炎或前列腺炎、阴道炎、子宫内膜炎、盆腔炎等。所以，男女双方在日常生活中要注意外阴卫生，内衣、内裤经常清洗，要有专用的手巾、浴巾和盆，被褥要勤洗、勤换。

性交前双方要排空小便，清洗颜面、双手和外阴。女方性交后排尿，有益于减少膀胱刺激症状，尿液可冲洗尿道口，防止逆行感染。

采用避孕措施，减少意外妊娠和人工流产，妇女妊娠期有良好的孕期保健，分娩前、后得到优质服务以降低产妇和围产儿发病率和死亡率，还要考虑男性在生殖中的特殊要求，并敦促世界各国要努力进行相应的工作和研究，制定合理的政策，以逐渐达到保证生育、节育和性健康的要求。

二、婚前卫生咨询

婚前卫生咨询是指婚检医师针对医学检查结果，特别是对发现的异常情况以及服务对象提出的具体问题进行解答、交换意见、提供信息，帮助受检对象在知情的基础上做出适宜的决定。

婚前卫生咨询的主要目的是优生，影响优生的因素有以下几个方面。

（一）遗传与优生

“种瓜得瓜，种豆得豆。”这句质朴无华的谚语，有力地说明了植物界的遗传特性和规律。人类更是如此。从动植物到人类，都要经历新旧交替，生生不息。每个亲代都按照自己的模式去“复制”下一代，然后，下一代再按照旧样传给新的下一代。如此代代相传，一直到千秋万代以后，他们仍和自己的远祖基本上保持相同的模样，这种现象就是遗传。

遗传病是指因遗传物质发生改变而引起的疾病。

遗传病包括单基因遗传病、多基因遗传病和染色体异常遗传病。

我国每年平均有1600万新生儿出生，其中大约有90万带有出生缺陷，出生缺陷总发生率约为5.6%。导致出生缺陷的主要原因，一是遗传因素，占25%；二是环境因素，占10%；三是与母体有关，或是遗传和环境因素相互作用后的结果，也可能是母体在孕育过程中出现的其他问题导致，这类因素占65%。

❶ 单基因遗传病

单基因遗传病是由一对等位基因所控制的疾病，并按照一定的遗传规律在亲子间传递，发病率约为3.5%，已成为常见病。根据遗传方式不同，分为单基因显性和单基因隐性两大类。

（1）常染色体显性遗传病。亲子间的直接传递，如家族性多发性结肠息肉、多指（趾）、并指（趾）、多囊肾、先天性软骨发育不全、先天性成骨发育不全、视网膜母细胞瘤等。

（2）常染色体隐性遗传病。隔代传递，即子代中多不发病，但第三代中常出现病人，大多是由两个携带者所生的后代，如白化病、苯丙酮尿症、半乳糖血症、黏多糖病、先天性肾上腺皮质增生症等。

另外，还有在上下代之间传递的 X 连锁遗传病，如抗维生素 D 性佝偻病、家族性遗传性肾炎、血友病、色盲、进行性肌营养不良等，传男不传女、父传子、子传孙、世代相传的 Y 连锁遗传病。

❷ 多基因遗传病

多基因遗传病是由两对以上致病基因的累积效应所致，是在遗传因素与环境因素共同作用下引起的疾病。例如，先天性心脏病、小儿精神分裂症、家族性智力低下、脊柱裂、无脑儿、少年型糖尿病、先天性肥大性幽门狭窄、消化性溃疡、冠心病、重度肌无力、先天性巨结肠、气道食道瘘、先天性唇腭裂、先天性髋脱位、先天性食道闭锁、马蹄内翻足、原发性癫痫、躁狂抑郁精神病、尿道下裂、先天性哮喘、睾丸下降不全、脑积水、原发性高血压等。

❸ 染色体病

染色体病是因为染色体的数目或形态、结构异常引起的疾病。染色体病有很多种，常见的有 21 三体综合征（唐氏综合征）、13 三体综合征（帕陶综合征）、18 三体综合征（爱德华氏综合征）三种。

以上三种染色体病的共同表现是：先天性智力障碍；生长发育、精神和运动发育迟缓；特殊的外貌，如眼距宽、眼球小、嘴小、兔唇、腭裂、颈短、多指（趾）等；内脏多器官畸形等。发病原因与母亲的年龄过大、染色体畸变有关。

传统孕育拾贝

古代禁止近亲结婚

《周礼》:“礼不娶同性(姓)。”

《左传》:“男女同姓，其生不蕃。”

以上两句话讲的是古代同姓男女不通婚。“男女同姓”是指近亲结婚，“其生不蕃”是指不利于后代健康成长。

提示与建议

禁止近亲结婚

科学推算，每个人都带有5～6个不同的隐性致病基因。在随机结婚的情况下，双方带有相同基因的机会很少，但是在近亲结婚时，双方从同一个祖先那里得到同种致病基因的可能性就大大增加。

例如，我国某名牌大学的一位教授，其妻是高级工程师，二人是姨表兄妹，他们婚后生了一女二子，全部是先天性痴呆。

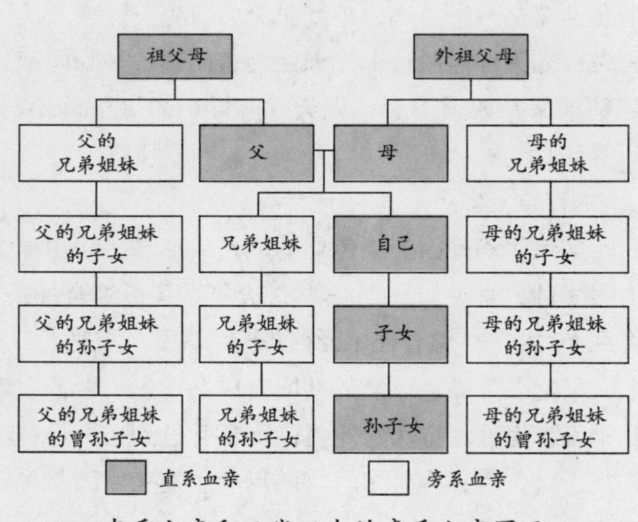

直系血亲和三代以内的旁系血亲图示

注：近亲（或称亲缘关系）是指三代以内有共同的祖先。如果他们之间通婚，就称为近亲婚配。《中华人民共和国婚姻法》中禁止结婚的三代以内的旁系血亲包括：(1)同源于父母的兄弟姐妹（含同父异母、同母异父的兄弟姐妹）；(2)同源于祖父母、外祖父母的堂、表兄弟姐妹，即自己不能和父母的兄弟姐妹的孩子结婚；(3)不同辈的叔、伯、姑、舅、姨与侄（女）、甥（女），即男性不能跟兄弟姐妹的女儿结婚，女性不能跟兄弟姐妹的儿子结婚，反过来就是不能和父母的亲兄弟姐妹结婚。

咨询以面对面为好

婚前卫生咨询有面对面双向交流、书信咨询及电话咨询三种情况。

建议准备结婚的男女双方或一方与婚检医师进行面对面咨询。这是因为面对面直接交流，交流双方不仅交换了信息，咨询者更易接受关怀和支持。同时，交流双方通过反复交谈，不断取得正确的反馈信息，有利于澄清问题和帮助咨询者自主做出正确决定。

（二）环境与优生

❶ 化学因素

环境中的化学因子种类繁多，包括药品、工业化学物质、农药、食品添加剂、化妆品等。

（1）药品。可能导致精子、卵子的变异，引起胎儿畸形。

例如，安定、镇静与抗惊厥类，激素类，抗生素类，抗癌、抗疟、平喘类及口服避孕药等均会导致胎儿畸形。

（2）工业化学物质。包括某些金属和非金属化合物，如铅、汞、镉、砷、氟化物，以及二硫化碳、苯、二甲苯、乙醇等有机溶剂。以上这些工业化学物质均可引起染色体的突变与畸变。

（3）农药。例如，有机氯农药六六六、DDT；有机汞农药；苯氧羧酸类农药2，4，5-T；二溴氯丙烷等杀虫剂、杀菌剂、除草剂等。农药的污染可以造成男性生育能力的下降，还能引起癌症和其他内脏损害；妇女孕前、妊娠期接触农药，流产、早产、死胎和胎儿先天性畸形的发生率明显增加。

提示与建议

1. 预防铅、汞等重金属的危害。铅作业人员预防铅中毒，每日应补充抗坏血酸 125 ～ 150 毫克，或每日吃大蒜 15 克。汞作业人员预防汞中毒，每天应补充维生素 E 15 毫克，多食胡萝卜。因胡萝卜含大量果胶，果胶与汞结合，能降低血液中汞离子的浓度，加速其排泄，减轻对人体的危害。

2. 警惕农药的危害。熟悉农药的品种，不得违反使用剂量、喷洒操作程序、保管等有关规定。生产、搬运和喷洒农药人员的工作服要及时更换，不得带入居室内。禁止在居室内存放农药，不要用农药在居室内消毒、杀虫。吃水果时一定要去皮，因为水果的残留农药主要集中在表皮中。不能去皮的水果、蔬菜，应在清水中反复冲洗。

3. 拒绝新房、新车中甲醛对人体的伤害。家庭装修中带来的污染对优生是一个很大的威胁。医学研究表明，新装修家庭的夫妇不孕不育率高，婴儿致畸率高，儿童罹患白血病率高。因此，凡是准备生育的夫妇，不要着急住进新装修的房子，至少要开窗通风两三个月后才可以居住。而且，室内最好放点常青藤、吊兰、仙人掌等植物，以吸收一些有害物质。

另外要注意的是，新车中含有大量的甲醛，新婚夫妇应慎用、少用新车。

❷ 物理因素

（1）电离辐射。电离辐射已被研究证实是人类致畸因子，对优生影响较大。我国对 25 个省、市、自治区的医用 X 射线职业受辐射人员调查发现，这些孕妈妈的自然流产率、新生儿死亡率明显高于对照组。20 种先天畸形和遗传性疾病的发生率，职业受辐射组远高于对照组。

（2）噪声。医学研究表明，噪声能刺激母体丘脑下部—垂体前叶—卵巢轴系统，使母体内激素发生逆向改变，从而影响受精卵的正常发育，还能直接作用于胎儿的遗传基因，引起突变致畸。美国医学家曾报告，机场周围居住的孕妇生出的宝宝中，畸形和低体重儿以及早产儿的出生率高于其他地区。

此外，高温、微波辐射、恶劣天气等对人类生殖和胚胎发育可能有潜在的影响。

提示与建议

1. 避免电离辐射。性腺对射线十分敏感，人类睾丸受到辐射后，生殖细胞会被杀伤而导致精子缺乏；胚胎和胎儿受到辐射后，会引起生长迟缓，眼及小头畸形，并伴有智力障碍。准备生育的夫妻双方不要照X线，已怀孕的准妈妈更不能照X线，不要睡电热毯，少用或不用电磁炉。

2. 避免噪声。噪声污染是备孕中不可忽视的因素。准备生育的夫妻双方及准妈妈应该远离高噪声环境。

3. 远离高温。未准爸爸不宜每天长时间开车，不宜长时间将笔记本电脑放在腿上工作，不宜经常洗热水澡，更不要经常洗桑拿。以上这些行为，会让睾丸长期处于过热的环境，影响精子的生成及精子的质量。这是因为男性的精子是由睾丸内的精原细胞进行有丝分裂生成的，其进行有丝分裂的环境要求是温度必须在28℃～33℃。

另外，未准爸爸尽量不要长时间坐在软绵沙发或者老板椅上，内裤尽量选纯棉宽松的，晚上最好裸睡，让睾丸充分呼吸，利于产生健康的精子。

❸ 生物因素

生物因素主要指某些病原体，如病毒、细菌、寄生虫等。当孕妈妈受到感染时可通过胎盘绒毛屏障或子宫颈上行感染胎儿，导致胎儿畸形或流产、死产。因此，如果夫妻准备怀孕，建议不要养宠物。

提示与建议

避免生物因素对优生的影响

对优生有害的生物因素主要是弓形体、风疹病毒、巨细胞病毒、单纯疱疹病毒等。此外，还有人类免疫缺陷病毒、水痘、带状疱疹病毒、肝炎病毒等。

弓形体是一种流行很广的人畜共患寄生虫病，终末宿主为猫，人群感染率随养猫和生活习惯等不同而异。在妊娠早期感染弓形体，可能导致流产、早产，幸存者到孕中晚期可引起早产、死胎及胎儿畸形。因此，建议怀孕前及孕期，家庭不要养猫，也不要与猫、狗有密切的接触。

此外，要提醒准妈妈，在孕期不要吃生鱼片以及未全熟的肉类食品，因为这些食品都有可能存在上述隐患。

❹ 宫内感染

宫内感染又称先天性感染或母婴传播疾病，是指孕妇在妊娠期间受到感染而引起胎儿的宫内感染。造成宫内感染的主要途径是致病微生物通过胎盘的垂直传播，其他途径有孕妇下生殖道感染的上行性扩散和新生儿分娩时的围产期感染两种传播方式。世界卫生组织（WHO）认为大部分性传播疾病（STD）都存在有感染的母婴传播问题，如梅毒、乙肝病毒及艾滋病等的母婴传播。国内大量调查发现，在我国新生儿中先天性感染的发生率很高，达10%左右，其危害十分严重。所以，如何预防和减少母婴传播疾病的发生，是提高我国出生人口素质的一项重要措施。

宫内感染的预防

宫内感染如果发生在孕早期，多造成流产、胎儿先天性畸形等问题；而发生在孕晚期的感染多导致早产、胎膜早破、新生儿感染等不良后果。建议主动预防。

1. 如果婚前医学检查发现有生殖道感染，应治愈后再结婚。

2. 如果育龄夫妇在孕前进行健康检查时发现有生殖道感染存在，应推迟受孕时间并给予治疗，愈后再考虑妊娠。

3. 夫妻双方平时注意性卫生。

（三）心理因素与优生

生殖系统功能和表现行为主要是在神经内分泌系统和复杂的心理活动支配下所产生，精神心理状态的异常可以使机体神经内分泌功能发生紊乱。例如，过度疲劳、精神紧张可影响精子的生成和成熟，致使男子生育力降低。

对于女性来说，心理因素会抑制排卵，使子宫和输卵管痉挛，宫颈黏液分泌异常，从而干扰受孕。

愉快的心情有利于产生优质的生殖细胞。研究显示，育龄期的人们在快乐的心情下，大脑就会分泌多种有益的化学物质，这些物质会促使人体产生优质的生殖细胞——精子或卵子。

特别提示

孕前调控情绪

俗话说："人有七情六欲。"喜、怒、忧、思、悲、恐、惊的情绪人皆有之。适度的情绪表达有利于人际关系的和谐，有利于身心健康。反过来，过度的情绪表达或发泄，既害别人，又害自己，还会影响下一代。所以，要控制好、把握好自己的情绪。

情绪不稳定是优生的大敌。夫妻之间在打算要宝宝之前，一定要营造温馨和谐的家庭环境，因为夫妻之间感情的好坏对优生有着非常直接的影响，感情是否融洽可影响受精过程和受精卵的质量，继而可影响胎儿发育。不良情绪是造成胎儿发育不良和先天性疾病的因素之一。因此，男女双方身心健康，对优生十分重要。

三、婚前医学检查

（一）检查的主要疾病

❶ 严重遗传性疾病

指由于遗传因素先天形成、患者全部或部分丧失自主生活能力、子代再现风险高、医学上认为不宜生育的疾病，如单基因遗传病、多基因遗传病、染色体病等。

❷ 指定传染病

指《中华人民共和国传染病防治法》中规定的艾滋病、淋病、梅毒以及医学上认为影响结婚和生育的其他传染病。

❸ 有关精神病

指精神分裂症、躁狂抑郁型精神病以及其他重型精神病。

❹ 其他与婚育有关的疾病

例如，心、肾重要脏器疾病和生殖系统疾病。

特别提示

婚前保健是优生的前提

每对夫妻，都愿把自己的优点、长处传给子女，摈弃双方的缺点，生育一个称心如意、健康聪明、漂亮快乐的孩子。但往往事与愿违，我们经常可以看到一些先天畸形、发育缺陷以及痴呆的孩子。追本溯源，往往是由于父母的家族存在的一些遗传类问题所造成的。所以，做好婚前保健是优生的前提。为了婚后家庭的幸福和婚姻的美满，为了下一代的健康成长，准备结婚的男女双方应积极主动地接受婚前保健服务，才能真正做到优孕、优生和优育。

（二）检查项目

❶ 一般项目

询问病史，体格检查。检查女性生殖器官时应做肛门腹壁双合诊，如需做阴道检查，须征得本人或家属同意后进行。

❷ 常规辅助检查项目

包括胸部透视，血常规、尿常规检查，梅毒筛查，血转氨酶和乙肝表面抗原检测，女性阴道分泌物滴虫、霉菌检查，精液常规检测等。

❸ 其他特殊检查项目

例如，乙型肝炎血清学标志物检测，淋病、艾滋病、支原体和衣原体检查，B 型超声、乳腺、染色体检查等，应根据需要或自愿原则确定。

（三）医学意见

医学意见是指经婚前医学检查后，主检医师依据检查结果而出具的结论。

❶ 可以结婚

检查结果正常的，医学意见为“未发现不宜结婚的情形，可以结婚”。

❷ 暂缓结婚

经婚前医学检查，对患指定传染病在传染期内或者有关精神病在发病期内的，医学意见为“暂缓结婚”。

❸ 可以结婚，不宜生育

对诊断患医学上认为不宜生育的严重遗传性疾病的，医师应当向男女双方说明情况，经男女双方同意，采取长效避孕措施或者施行结扎手术，医学意见为“可以结婚，不宜生育”。

❹ 其他医学意见

另外，依据医学检查结果，还有“可以结婚，但要控制后代性别”“劝阻结婚”等医学意见。

特别提示

主动接受婚前医学检查

婚前医学检查是给男女双方发放健康“通行证”，是健康婚姻和优生优育的一道保护屏障，也是一次严肃认真的社会保健工作。为了对爱人、对家庭、对后代、对社会负责，准备结婚的男女双方应自觉进行婚前医学检查；同时，受检男女一定要诚实、坦率、严肃、认真地对待婚前医学检查。

第二节 备孕计划

一、概述

（一）备孕

备孕，实际上就是孕前保健。其目的是选择良好的受孕时机，以尽量避免影响孕产妇及胎儿健康的情况发生。在我国实行计划生育国策与少生优生的情况下，女性一生有 30 年以上的育龄期，但只生育 1 ～ 2 个小孩，因此有足够多的怀孕机会，可以有充分的时间做好孕前准备。

（二）备孕计划的重点

❶ 孕前健康教育

包括生育的基本知识、影响优生的因素、孕前营养、疾病预防等。

❷ 孕前检查

通过健康检查，了解夫妻双方的身体状况，及时解决检查中发现的问题，按照医生的建议，采取有力措施，提高身体素质。

❸ 养成良好的习惯

改变不良的生活方式，养成健康的生活习惯，做到起居有常、饮食有节、合理营养、坚持锻炼、增强体质。

❹ 优生咨询

向医生做优生咨询，远离不利于优生的环境，不接触有毒、有害物质，洁身自好。

❺ 调整避孕方法

备孕计划确定后，要调整避孕方法，停服口服避孕药，取出宫内节育器，以调整宫内环境，为怀孕做好准备。

❻ 重视口腔卫生

妇女在妊娠期间因牙病而流产的案例屡见不鲜，因此，女性在孕前应做好口腔卫生。

二、孕前一年计划

（一）孕前检查

夫妻准备生育之前应到医院进行身体检查，以保证孕育健康的胎儿，从而达到优生的目的。

❶ 检查项目

（1）个人史、家族史、既往史询问。

基本情况：包括年龄、月经史、婚育史、疾病史等。

夫妇双方家族史和遗传病史。

不良因素暴露史：职业状况与工作环境等。

（2）体格检查。

常规体格检查，包括男、女生殖系统的专科检查。

❷ 常规辅助检查

常规辅助检查一览表

对象	检查项目	检查内容	检查目的
夫妇双方	乙肝五项及肝功能检查	乙肝五项 肝功能检查：转氨酶、胆红素、蛋白、肌酐、胆固醇、甘油三酯等	为是否患有肝炎提供诊断依据，并确定可否接种乙肝疫苗
	尿常规检查	常规项目	有助于肾脏疾患的早期诊断
	血液常规检查	常规项目	是否贫血，血凝机制，发现地中海贫血携带者
	ABO溶血检查	血型和ABO溶血滴度	避免婴儿发生溶血症
	染色体检查	发现染色体异常	为诊断遗传性疾病提供依据
	梅毒、艾滋病筛查	梅毒血清、艾滋病病毒检验	为诊断梅毒、艾滋病提供依据
	大便常规检查	寄生虫等	发现消化系统疾病，有无肠道寄生虫
	心电图	心脏功能	早期发现心脏病
女方	妇科内分泌检查	包括促卵泡激素、促黄体生成激素等项目	有助于卵巢疾病的诊断
	白带常规筛查	滴虫、霉菌、支原体、衣原体	为诊断阴道炎、盆腔炎等妇科疾病，以及淋病等性病提供依据
	宫颈刮片检查	细胞学检验	筛查癌细胞，有助于宫颈癌的早期诊断

（续表）

对象	检查项目	检查内容	检查目的
女方	脱畸检测	弓形虫、风疹病毒、巨细胞病毒、单纯疱疹病毒	确定有无弓形虫、风疹病毒、巨细胞病毒、单纯疱疹病毒感染
	彩色B超检查	子宫、附件	有助于子宫肌瘤、卵巢肿瘤、子宫内膜异位等妇科疾病的诊断
	口腔检查	牙体、牙周、牙列、口腔黏膜	发现口腔疾病
男方	雄激素检测	睾酮T等	检测男性体内激素水平是否正常
	精液检查	精液常规	检查精子密度、总数、异形和活动度等

提示与建议

孕前检查的注意事项

男女双方：在体检当天清晨需禁食，空腹，也不要喝水；早晨起床第一次排的尿液，收集少许，放入干净的小玻璃瓶中，备化验用。

女性：月经彻底干净后3～7天进行检查，在检查前要节制性生活3天。

男性：采集精液前必须停止性生活2～7天，并且不得有手淫、梦遗等情况，还应禁烟戒酒，忌服对生精功能有影响的药物等。

选择性检查项目：一是ABO溶血检查。检查对象为妻子血型为O型，丈夫血型为A型、B型或AB型，或者有不明原因的流产史。二是染色体检查。检查对象为有遗传病家族史的育龄夫妇。

口腔检查：女性妊娠后，体内的雌激素、黄体酮等激素水平显著增高，促使牙龈毛细血管扩张、瘀血，促发口腔炎症，导致牙齿松动、牙龈增生，很容易诱发牙龈炎等各种牙齿疾病。较轻的会引发宫缩等反应，严重的可以导致宫内感染、流产、早产，给孕妇和胎儿带来痛苦。美国牙周病学会的一份报告指出，患有严重牙周病的准妈妈发生流产、早产或新生儿体重过轻的概率是一般口腔健康良好者的7倍。所以，建议女性孕前一定要做一次口腔检查，发现问题及时治疗。

（二）接种乙肝疫苗

我国被乙肝病毒感染的人群高达10%左右，是乙型肝炎高发地区。而母婴垂直传播是乙型肝炎的重要传播途径之一，所以孕前接种乙肝疫苗非常重要。

乙肝疫苗的注射比较复杂，一般要按照0、1、6的程序注射，即从第一针算起，在此后1个月时注射第二针，在6个月的时候注射第三针。加上注射后产生抗体需要的时间，至少应该在孕前9个月进行注射。

提示与建议

1. 有皮炎、化脓性皮肤病者，不宜接种乙肝疫苗。
2. 发烧感冒时，不宜接种乙肝疫苗。
3. 患哮喘、荨麻疹等过敏体质者不宜接种乙肝疫苗。
4. 已经感染了乙肝病毒的患者，不宜接种乙肝疫苗。
5. 注射乙肝疫苗时一定要放松心情，不要紧张。否则可能会导致注射不顺畅、吸收不好等问题，以及产生眩晕、脸色苍白的症状（晕针）。
6. 全程注射完3针1个月后，复查乙肝两对半，检查是否产生抗体（由于乙肝疫苗接种后97%的人都可测到表面抗体，所以全程接种后1～2个月应该复查乙肝两对半）。
7. 如果5年前曾经接种过，只打加强针（1针），不需要复查。

（三）戒烟酒

❶ 远离尼古丁

烟草中包含尼古丁在内的有害物质有抑制性激素分泌和杀伤精子的作用。

有实验跟踪了120名吸烟一年以上的男子的精液，发现畸形精子比例与每天的吸烟量有关。若每天吸烟超过30支，畸形精子率超过20%，吸烟时间越长，畸形精子越多。吸烟主要导致染色体异常和男性性功能降低。

女性吸烟过多，不仅会给身体的其他器官形成代谢压力，而且会引发卵巢功能衰竭，导致不孕症。至少要戒烟3个月以上，才可以准备要孩子。

❷ 告别酒精

酒精对男性的前列腺有损伤作用，并可使精子结构发生变化。研究资料表明，长期嗜酒者的精子中，不活动的精子可高达80%，发生病理形态改变的高达83%。因此，酒精可对性细胞以及受精卵产生不良作用。

西方一些国家曾流行一种“星期天婴儿病”或称“星期天孩子”。这是指星期天或节假日，夫妇大量饮酒后同房受孕而出生的孩子。我国早期的演艺界名人也有过这样的教训，他们的孩子出生后发育迟缓、智力低下，有的生活不能自理。

❸ 慎用化妆品

口红：主要成分是油脂中的羊毛脂，会吸附空气中各种对人体有害的重金属微量元素，然后进入口中，还可能吸附大肠杆菌，通过母体进入胎儿体内。因此，准备怀孕和已经怀孕的女性最好不要涂口红。

指甲油：含有酞酸酯，这种物质若被孕妇吸收，容易引起流产及胎儿畸形。

香水：香水中的多种化学物质对胎儿和婴儿都有不同程度的影响，女性在孕前、妊娠期和哺乳期慎用香水类产品。

美白祛斑霜：含汞，孕前、妊娠期和哺乳期不宜使用。

染发剂：含致癌物质，不仅会引起皮肤癌，而且还会引起乳腺癌，导致胎儿畸形。

冷烫精：含有一种含硫基的有机酸，属有毒化学物质，有些女性会有过敏反应，会危害胎儿发育。

三、孕前半年计划

（一）生理准备

❶ 孕前营养

计划妊娠前，夫妻双方充足的营养可以保证产生健康、优质的精子与卵子，并为受孕创造良好的生理环境。

通常，从孕前至少半年就应该调整夫妻双方的营养。不同身体状况与素

质的夫妇最好根据自己的实际情况，对自己的营养状况做一个全面了解，有针对性地补充自己所需要的营养物质，并改掉不良的饮食习惯。必要时也可以请医生帮助诊断，以便有目的地调整饮食，积极储存平时体内含量偏低的营养素。营养不良不仅会使身体的各项生理活动受到影响，而且还直接影响精子、卵子的成熟和质量。因此，准备怀孕的夫妇应该合理膳食，保证营养均衡全面。

提示与建议

孕前膳食应按照中国营养学会妇幼分会制定的“孕前期妇女平衡膳食宝塔”中的要求合理安排，具体如下。

1. 多摄入富含叶酸的食物或补充叶酸。

2. 常吃含铁丰富的食物。

3. 保证摄入加碘食盐，适当增加海产品的摄入量（因孕期缺碘可导致后代智力和体格发育障碍）。

4. 戒烟、禁酒。

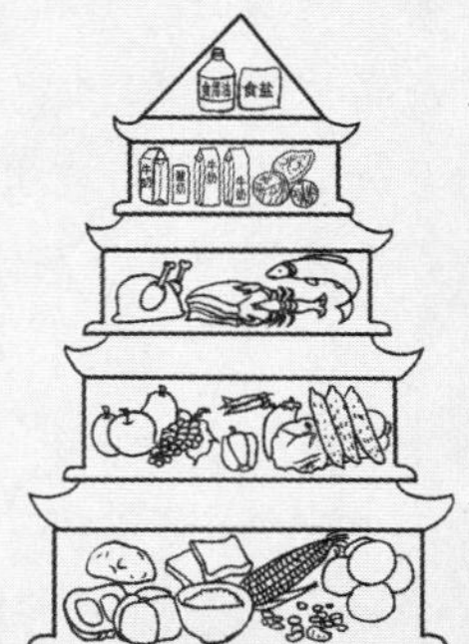

孕前期妇女平衡膳食宝塔

❷ 补充叶酸

我国传统的叶酸服用时间是从孕前 3 个月开始，到孕 12 周停止。

目前，国际上已经提倡在整个孕期到哺乳期结束都可以服叶酸。中国营养学会也建议从孕前 2 ～ 3 个月开始服用叶酸，一直到妊娠 3 个月或整个孕期，除预防神经管畸形外，还有利于降低妊娠高脂血症发生的风险。

提示与建议

叶酸，可以预防神经管畸形儿的发生（神经管畸形是一种严重的出生缺陷，约占全部出生缺陷的1/3），还可以预防自然流产、胎儿宫内发育迟缓和孕妇贫血等。

备孕期间，建议夫妻双方都补充叶酸。补充量为每人每天400～800微克，最好在医师指导下服用。

曾经生下过神经管缺陷婴儿的女性，再次怀孕时最好到医院检查，并遵医嘱增加每日的叶酸服用量，直至孕后12周。

怀孕前长期服用避孕药、抗惊厥药等，可能干扰叶酸等维生素的代谢。计划怀孕的女性最好在孕前6个月停用避孕药的同时补充叶酸。

③ 接种疫苗

孕前半年女性需要接种的疫苗一览表

疫苗名称	接种时间	接种目的	提　示
风疹疫苗	孕前3个月	预防风疹病毒感染	注射后至少3个月人体内才会产生抗体，必须提前3个月接种 孕前感染风疹病毒，孕早期有25%会出现先兆流产、胎死宫内等严重后果或导致新生儿先天性畸形、先天性耳聋等生理缺陷
甲肝疫苗	孕前3个月	预防甲型肝炎	孕早期合并甲型肝炎的，宜人工流产终止妊娠，以免加重孕妇病情；孕中、晚期可造成胎儿宫内发育迟缓，出生体重低
水痘疫苗	孕前3个月	预防水痘病毒感染	孕早期感染水痘可导致胎儿先天性水痘或新生儿水痘，怀孕晚期感染水痘可导致孕妇患严重肺炎，危及生命

④ 停服避孕药

孕前6个月停服避孕药或取出宫内节育器。

特别提示

之所以要求在准备怀孕前半年就停服避孕药，是因为口服避孕药的吸收代谢时间较长，6个月后才能完全排出体外。停药后的6个月内，尽管体内药物浓度已不能产生避孕作用，但对胎儿仍有不良影响。如果停了避孕药就怀孕，将会造成宝宝的某些缺陷。例如，胎儿生殖器异常（女性男性化、男性女性化），腭裂及脊椎、肛门和心脏畸形等。

如果采取宫内节育器避孕，可以在取出节育器后至少有3次正常月经周期再考虑妊娠，最好6个月，其目的是让取出节育器的子宫恢复得更好，为妊娠创造良好的环境。

❺ 运动

女性怀孕前适当锻炼，可以增强母体体质，同时促进机体代谢，具有协调和完善全身各系统功能的作用。持续有效的运动，可以帮助备孕女性把体内沉积的各种毒素更好地清除到体外，给即将到来的宝宝一个干净安全的子宫环境。另外，运动还能提高性机能，以便为受精卵提供优质的卵细胞。运动过程中，由于神经系统和垂体功能的调节，各类性激素分泌增加，使得卵巢、子宫、乳房等性器官的功能发生一系列变化，为胚胎组织的生长和发育提供良好的基础。

怀孕前进行适宜而有规律的体育锻炼与运动，可以促进女性体内激素的合理调配，确保受孕时女性体内激素的平衡与受精卵的顺利着床，避免怀孕早期发生流产。

提示与建议

过胖女性应适当减肥降低怀孕困难

肥胖的女性除了怀孕相对于一般女性困难外，怀孕期间以及分娩后发生各种并发症的概率也相对较高。

研究发现，肥胖女性对叶酸的吸收效果差，可导致分娩巨大胎儿，并造成妊娠糖尿病、妊娠中毒症、剖宫产、产后出血情况增多等并发症。患有妊娠糖尿病的准妈妈，产下畸形儿的比例也相对较高。一般肥胖产妇的胎儿都有过重现象，还要慎防难产。

备孕期，身体肥胖的女性万万不能通过药物来减肥。减肥药可能会造成身体代谢机能的损害或是营养不良，应当在医生的指导下，通过调节饮食和加强运动来降低体重。

过瘦女性宜调整身体提升受孕率

准备怀孕的女性如果过瘦的话，一定要提前进行合理的调养。因为在备孕期如果身体过于瘦弱，则受孕概率低，即便怀孕也容易出现孕早期流产或孩子出生后智力低下等问题。

建议过瘦女性通过系统的检查，具体了解自己身体瘦弱的原因，在医师的指导下进行科学地调理，达到标准体重后再怀孕。

（二）心理准备

想当母亲是每一位女性的正常心理需求，然而，孕育小生命是一个漫长而又艰辛的过程。从准备怀孕起，未准妈妈必须认识到自己从事的是一项伟大而光荣的创造生命工程，在孕前要做好充分的心理准备，调节好情绪，营造和谐、愉快的心理状态。

备孕期，非常重要的一项内容就是调整夫妻双方的心理状态，包括心理期待、精神状态以及对未来生活的规划与设想，重点包括如下几个方面。

❶ 不为孩子的性别焦虑

树立生男生女都一样的生育新观念，不为孩子的性别焦虑。

❷ 坦然接受孕期身体变化

怀孕会使女人在体形、情绪、饮食、生活习惯、对丈夫的依赖性等诸多方面发生变化，精神上、体力上也会有很大消耗。心中若充满了幸福、信心和自豪，就会以积极的态度去战胜困难，所有想做妈妈的人都应以平和、自然的心境来对待这些变化。有了这样的精神状态，就会很快适应身体的变化，

不遗余力地奉献出自己的精力、创造力和责任感，为孕育胎儿准备良好的心理环境。

③ 接受未来家庭的变化

小生命的诞生会使夫妻双方的两人空间变为三人格局；二人生活变为三人世界。孩子不仅要占据父母的生活空间，而且要占据夫妻各自在对方心中的情感空间。这种心理空间的变化往往为年轻的夫妇所忽视，从而感到难以适应。从女孩到妻子，从结婚到怀孕，从分娩到做母亲，所有这一切都是女人不断成熟的过程，要用自己的智慧迎接这一切的到来，调整好做母亲的心态。

提示与建议

放松心情才能好孕

准备怀孕的育龄夫妻，总会遇到的一个状态就是：越是天天看着试纸是否怀孕，就越是看不到两条红线。当有一天真在心里觉得"算了，顺其自然吧"，反而很快就能收到宝宝到来的消息，这到底是因为什么呢？

我们大脑中的下丘脑主管分泌与生殖和情绪有关的激素，当女性大脑反复接收到每次看试纸的"紧张"情绪时，下丘脑就会影响卵巢分泌一些会改变女性排卵时间的荷尔蒙，所以就出现越紧张、越关注、越无法成功受孕的情况。只有在没有压力的情况下，人体才会处于良好的精神状态，生理周期也不会紊乱，精力、体力、智力、性功能都处于高潮，精子和卵子的质量和结合度也会更高。

结婚生育是个非常自然的事情，既不要刻意，也不能漫不经心，要以平常心来对待，只要双方身体健康、生殖机能正常、夫妻感情和谐，怀孕生育就会心想事成！

（三）物质准备

面对新生命，每个家庭除了要做好生理和心理方面的准备之外，还需要做好物质准备。这方面的准备越充分，孕后夫妇双方的精神状态就会越平和从容，对于胎儿的生长发育和出生后婴儿的成长都有着非常重要的意义。

❶ 居室准备

备孕和孕期的住房问题非常重要，一是住房要稳定，不应频繁更换；二是住房环境要安静、整洁，不宜住新房、危房以及周围环境太嘈杂的房子；三是室内通风、采光、保温要好。

❷ 经济准备

怀孕之后，孕妇身体需要增加营养，以保证胎儿的发育和孕妇的身体健康；孕期身体体形发生显著变化，需要添置一些合适的衣物；为迎接小宝宝的降生，要花费一笔资金；孩子出生后，吃、用、穿等都要增加开支。这一切都要求夫妇事先安排好怀孕之后的经济问题，统筹兼顾，保证重点。要本着勤俭节约的原则来添置所需物品，能代用的尽量代用，或者利用旧物改制。总之，合理安排经济支出，以免关键时刻手头拮据。

❸ 生育保险

了解生育保险的领取途径和给付标准。

第三节 生殖奥秘

一、怀孕必备的条件

（一）生殖系统健康

一对夫妻必须身体健康、生殖系统功能正常才能保证顺利受孕。

❶ 健康的精子

男性的睾丸能产生正常的精子。正常成年男子一次射出的精液量为2～6毫升，每毫升精液中的精子数应在6000万以上，精子总数可达1亿～3亿个，有活动能力的精子达60%以上，异常精子在30%以下。如果精子达不到上述标准，就不容易使女性受孕。

❷ 健康的卵子

女性的卵巢能排出健康成熟的卵子。月经正常的女性，每个月经周期都有一个健康成熟的卵子排出，这样才有机会怀孕。卵巢功能不全或月经不正常造成不排卵的女性，就不容易受孕。

❸ 生殖道通畅无阻

男性的输精管必须通畅，精子排出后能顺畅地进入女性生殖道与卵子结合；女性的生殖道也必须畅通无阻，精子可以毫无阻挡地通过宫颈、子宫，到达输卵管与卵子相遇受精。受精卵也可以顺利地进入宫腔。若输精管或输卵管发生了堵塞，精子与卵子就失去了结合的机会，也就不会自然受孕。

❹ 子宫内环境必须适合受精卵着床和发育

受精卵发育和子宫内膜生长是同步进行的，如受精卵提前或推迟进入宫腔，这时的子宫内膜就不适合受精卵着床和继续发育，也就不可能怀孕。所以，如果女性患有子宫内膜异位症或子宫肌瘤就会影响受精卵的着床和发育。

（二）掌握排卵时间

人的生命是从一对生殖细胞（即卵子和精子）的结合开始的。随着医学的发展，人类已能逐步掌握自己的生育命运，并能科学地安排自己的生育计划。通常女性每月只排一次卵，排出的卵子存活时间只有 12 ～ 24 小时。只有掌握好排卵时间，在排卵日前后同房，才可以怀孕。

❶ 根据基础体温确定

基础体温是指清晨起床前身体不做任何运动时的体温，即早晨醒后未起床前测定的体温。从月经第一天起，每天早晨用体温表测量 5 分钟，记录体温，并制成曲线图。一般体温在排卵前较低，排卵日最低，排卵后体温上升 0.3℃～ 0.5℃。经过测量几个周期，找出规律，以预测下一个周期的排卵日。

❷ 根据排卵腹痛推测

有 1/3 的女性在排卵期有轻微腹痛，医学上称为排卵痛。绝大多数排卵痛发生在排卵前 24 小时，与女性黄体生成素的峰值在同一天。

❸ 观察宫颈黏液判断

受激素的影响，宫颈黏液也有周期性变化。排卵期前后宫颈黏液增多，稀薄透明，如鸡蛋清，能扯成拉丝状。

❹ 用排卵试纸判断

正常妇女体内保持有微量的促黄体激素（LH），在月经中期 LH 的分泌量会快速增加，形成一个最高 LH 峰，从而刺激卵子的排放。排卵检测试纸，是通过检查女性尿液中 LH 的分泌情况就可以准确预测排卵时间，帮助女性掌握怀孕的最佳时机。

通常，从月经来潮第十天开始，每天 10：00—20：00 用排卵试纸测尿样，5 ～ 10 分钟内观察结果。如果反应线和控制线两线颜色都很深，判定结果为阳性，预测 48 小时内排卵；如果反应线和控制线只出一条线，则判定结果为阴性。

二、受孕过程

（一）受精卵的形成

受精卵是在输卵管形成的。排卵的时候，一个卵子会被输卵管伞端的输

卵管伞抓获，送进输卵管里，输卵管纤毛摆动将卵子输送到壶腹部。

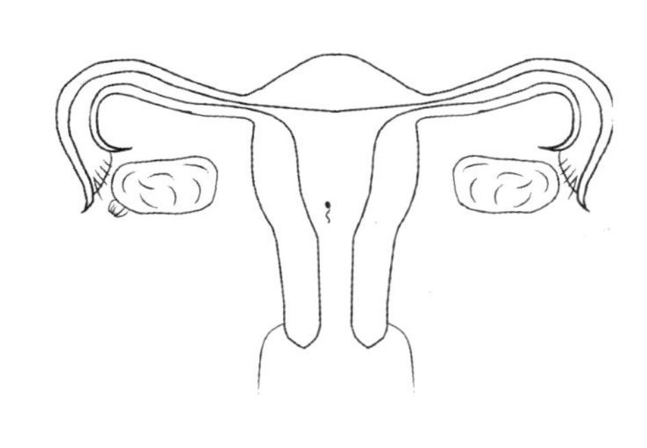

在接下来的 12 ～ 24 小时受孕过程中，1 亿～ 3 亿个精子（平均一次射精的量）中，大部分精子在阴道的酸性环境中死亡，只有少部分精子通过宫颈，在 1 小时内到达子宫腔，再过 1 ～ 2 小时，精子共游过了 8 ～ 15 厘米的路程，最终到达输卵管壶腹部。

到达壶腹部的精子与卵子相遇，精子开始准备征服体积大它 85000 倍的卵子。

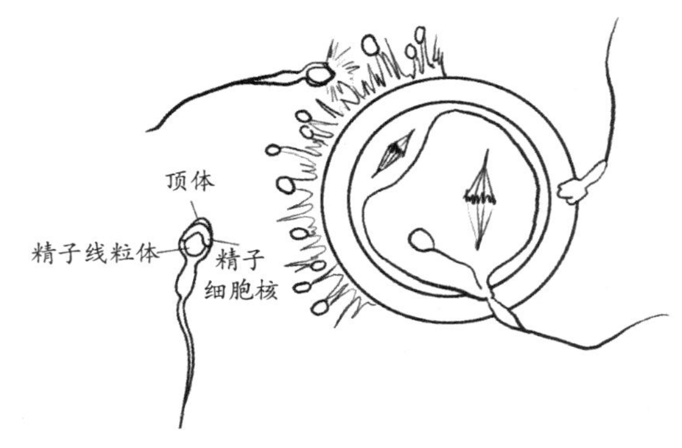

精子与卵子相遇

精子穿过卵丘细胞及放射冠，和卵子的透明带结合，精子发生顶体反应，顶端释放一些酶类物质，溶解透明带，一旦有一个强有力的精子幸运地攻进了卵膜，与卵膜结合完成精卵质膜融合，卵子就会被激活，立即发生反应，防止其他精子再进入，完成受精。这个过程需要 2 ～ 4 个小时。

（二）受孕概率

生理正常的夫妇同居，未采取避孕措施的话，受孕概率是这样的。

1. 每个月受孕的概率为 20%
2. 半年受孕的概率为 70%
3. 一年受孕的概率为 80%

所以，即便一对夫妇生殖功能正常，也不是任意哪个月想怀孕就能如愿以偿的。

三、胚胎与胎儿的发育

一个小小的受精卵细胞怎样一步步地变成一个小生命降临人间呢？让我们来揭开这个秘密吧。

（一）受精卵的发育与着床

❶ 受精卵的发育

受精卵一旦形成，随即启动卵裂机制，并在分裂的同时向子宫腔方向移动（如果输卵管通而不畅，受精卵的移动就会受限，易引起宫外孕）。受精卵在输卵管内 36 小时后分裂为 2 个细胞，以后大约每隔 12 小时分裂一次，约 48 小时后分裂为 4 个细胞，60 小时后分裂为 8 个细胞，72 小时后分裂成 16 个细胞团，叫桑葚胚。此时，细胞的分裂生长依赖于卵子内的营养。

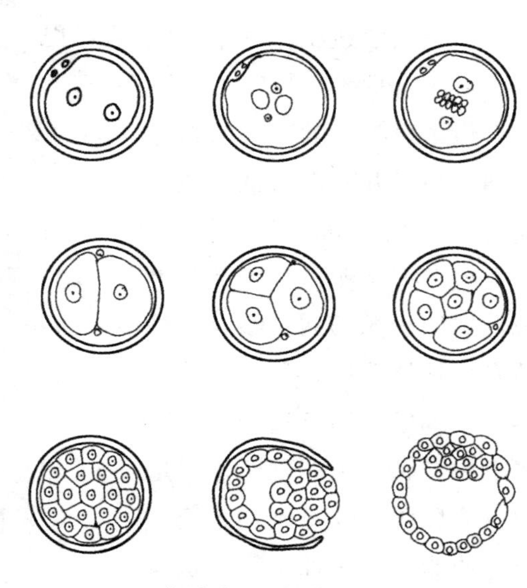

受精卵发育进程图

❷ 受精卵着床

受精后第 4 日，细胞团进入子宫腔，并在子宫腔内继续发育，这时，受精卵已分裂成 48 个细胞，成为胚泡准备植入。胚泡通过表面黏性物，贴附于子宫内膜，靠近子宫内膜的细胞分泌一种酶，将子宫内膜细胞裂解，形成一个小洞，将整个

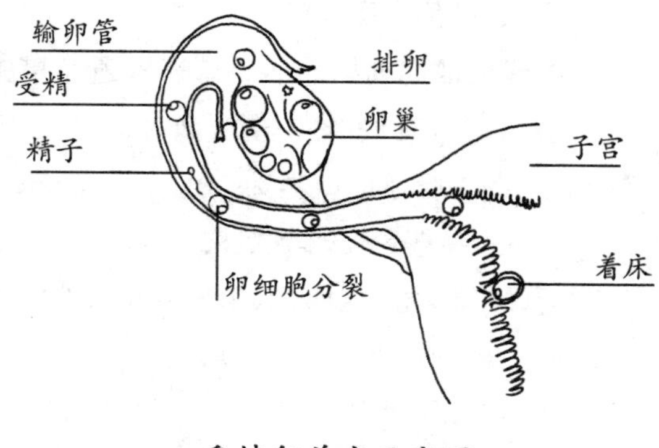

受精卵着床示意图

胚泡埋入内膜。这个过程从受精后的第五六天开始，到第十一二天完成，称为“着床”或“植入”。胚胎生长十分迅速，但这时靠早孕测试来确定还为时过早。

胚泡可以分泌一种激素，帮助胚泡将自己埋入子宫内膜。胚泡植入后，子宫内膜重新长好，胚泡表面的滋养层细胞不断分裂，长出绒毛状凸起，形成许多绒毛，伸入子宫内膜，吸收母体营养。受精卵的着床位置多在子宫上1/3处，植入完成意味胚胎已安置，并开始形成胎盘、孕育胎儿了。

（二）妊娠

受精后约1周，胚泡植入增厚的子宫内膜中，这就称为妊娠。

❶ 囊胚发育

胚泡不断通过细胞分裂和细胞的分化而长大，分成了两部分。一部分是胚胎本身，将来发育成胎儿；另一部分演变为胚外膜，最重要的是羊膜、胎盘和脐带，胎儿通过胎盘和母体进行物质交换。第2周，囊胚发育，开始形成3个胚叶。

❷ 胚胎期

第3周，形成三胚层胚盘，神经系统、心血管系统开始发育。

第4周，脑和呼吸系统开始发育，出现发育不全的心脏。

第5周，心脏开始出现功能，有手足萌芽，开始形成肾脏，再经过3周开始有功能。

第6周，眼、软骨开始形成，出现两条管道合并的心脏原基，虽然不具备心脏形态，但已经开始跳动。之后，胚胎渐渐出现一条封闭的循环血管，开始制造自己的血液（包括其中的各种血细胞）。

第7周，神经管出现，后端部分形成脊髓，前端部分稍膨大，为脑的原基。

第8周，胚胎约长20毫米，心脏在腹侧呈一小凸起，并轻轻跳动，此时还没有四肢，只有小尾巴在后面凸出。

胚胎发育早期发育很快，第2、第3个月时所有器官原基基本上已经形成。之后只是内部细胞增殖使其体积增大。

这个时期胚胎的特点主要是组织器官分化快、变化大，是胎儿器官、四肢和其他生理系统分化、生成的关键时期。这一阶段也是胎儿发育的最敏感期，最容易受放射性、药物、感染及代谢性产物或胎内某些病变等因素的影响。这些不良因素不利于胚胎的发育和成长。如果这一阶段被准妈妈体内或生活中的不利物理或化学因素影响，胚胎的某一器官或生理系统不能完成正常的分化，那么它将来再也不会形成和发展，胎儿出生后将形成永久性残疾，也可能使胎儿畸形，甚至导致早产、流产。这一时期，胎儿死亡率很高，胚胎总数的 30% 可能都在此阶段流产。

❸ 胎儿期

到第 3 个月末，各器官系统基本建成，已称为胎儿。以后主要是增大和少数结构的改变，由于胎儿迅速生长，准妈妈的负担日益加重。一般到 280 天左右，也就是 9 个月多一点，就可以分娩了。

特别提示

很多女性当知道自己怀孕的时候，常常都已经怀孕 2 ～ 3 个月了，胚胎非常重要的发育阶段其实都已经陆续完成。夫妻俩一旦往回推算具体怀孕日期的时候，突然想到自己吃了药、喝了酒或照了 X 光等经历，便后悔不已。因此，科学备孕非常重要。

一方面，身体良好的调理和准备可以更充分地迎接新生命的随时到来，让胚胎在早期最重要的分化阶段，能够有充分的营养给予和良好的着床环境；另一方面，备孕的女性通常能够在第一时间感觉到自己身体的变化，且能够理性应对，不会对刚刚形成的胚胎造成任何伤害（胚胎在子宫着床时，部分女性会有轻微的感冒症状，很多女性便因此服用感冒药，这类情况会令很多女性在整个怀孕期间都非常紧张和焦虑，生怕宝宝的健康出现问题）。

（三）最佳受孕条件

❶ 最佳生育年龄

从医学和社会学观点看来，女性的最佳生育年龄为 25 ～ 30 岁，男性为 26 ～ 35 岁。

女性年龄过小，生殖器官和骨盆尚未完全发育成熟，过早生育，妊娠、分娩的额外负担对准妈妈及胎儿的健康均为不利，难产的机会也会增加，甚至造成一些并发症和后遗症。

年龄过大，妊娠、分娩中发生并发症的机会增多，难产率也会增高。尤其要避免 35 岁以后再怀孕，因为卵巢功能在 35 岁以后逐渐趋向衰退，卵子中的染色体畸变的机会增多，容易造成流产、死胎或畸胎。

有调查显示，智力和体质最好的儿童，其父亲的生育年龄为 36 岁前，母亲为 30 岁前。所以说，25 ～ 30 岁是女性最优的生育年龄。

❷ 最佳受孕环境

外界环境中的某些不良刺激往往会影响妊娠的进展、胎儿的发育。所以，在计划受孕前，应尽力排除不利因素的干扰，创造一种良好的受孕氛围。古人养生讲究不在恶劣的天气环境下受孕，宜选择不冷不热、风和日丽的天气。如今，我们建议夫妻俩在进行“造人功课”的时候，将自己的居室环境做一些浪漫而温馨的布置，只有两个人在轻松惬意而富有激情的环境和情感状态中，受精卵的质量才能最好。

❸ 最佳受孕季节

从优生、优育的角度来看，选择合适的受孕与分娩季节，把温度变化、疾病流行等不利因素降到最低，以保证最大限度地发挥利于胎儿生长发育的有利因素，是十分可能的。比较理想的受孕季节就是夏末秋初（八九月份）。

特别提示

为什么说八九月份是理想的受孕季节呢？

1. 在妊娠初期发生妊娠反应时，正好处在九月或十月，蔬菜、瓜果品种繁多，便于膳食调节、增进食欲，可以减轻妊娠反应。

2. 孕早期正值秋季，天气凉爽，孕妇夜间睡眠好；白天日照充足，孕妇经常晒晒太阳，体内能产生大量维生素D，促进钙、磷吸收，有助于胎儿的骨骼生长、大脑发育和出生后的智力发展。

3. 待多雪的冬天和乍暖还寒的初春携带着流行性感冒、风疹、流脑等病毒来袭时，胎儿的胎龄已超过了三个月，到了孕中期，平安地度过了致畸敏感期。

4. 相应的预产期为次年五月前后。分娩之时正是春末夏初，春暖花开，气温适宜，母亲哺乳、婴儿沐浴均不易着凉，是“坐月子”的最佳季节。

5. 孩子满月后，已入夏，绿树成荫，空气清新，阳光充足，便于进行室外日光浴和空气浴；孩子半岁前后正好处在金秋十月，添加辅食时又已顺利地避过夏季小儿肠炎等肠道疾病的流行季节；到了孩子十几个月后，则又是春夏之交，气候温和，已脱了棉衣，为孩子学习走路提供了有利的条件。

4 最佳受孕时间

丈夫至少禁欲3天，在排卵日的前3天和后1天，21：00—22：00同房，受孕的概率大。

特别提示

丈夫至少禁欲3天，是为了保证精子的质量。

由于卵子的存活时间为12～24个小时，精子在子宫内的存活时间为1～3天，所以，在排卵日的前3天和后1天同房，受孕的概率大。

研究表明，人体的生理现象和机能状态在一天24小时内是不断变化的，上午7：00—12：00，人的身体机能状态呈上升趋势；13：00—14：00，是一天当中人体机能的最低时刻；17：00再度上升，21：00—22：00人体机能最高，23：00后又急剧下降。

所以，普遍认为21：00—22：00是同房受孕的最佳时刻。

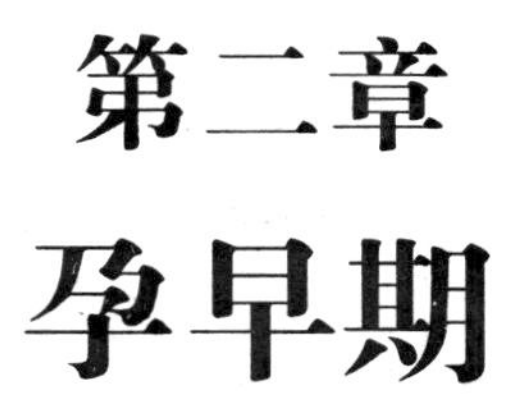

第二章

孕早期

第一节　母体变化与胚胎（胎儿）发育

一、孕1月

（一）母体变化

排卵通常发生在月经周期的第14天，两周后月经若没有按时来，第3周阴道可能有少量的流血，这时候就可以到医院或自行做早早孕试验，结果如果是阳性，那么恭喜你，真的怀孕了！

在进入怀孕的第一个月里，大部分准妈妈都没有自觉症状，此时准妈妈的子宫、乳房大小形态还都没有什么变化。

特别提示

怎么知道怀孕了

如果你是一个月经周期有规律的健康育龄女性，在没有采取有效的避孕措施的情况下，上次月经结束到这次月经应该到的期间做过“功课”，而这次的月经又没有按时来，且已经过期10天或10天以上，并伴有类似感冒的症状，如身体疲乏无力、发热、畏寒、特别嗜睡等。那么恭喜你，十有八九是宝宝来向你报到了！

真正确定妊娠，需要去医院做早早孕试验。

教你计算预产期

医学上规定，从末次月经的第一天起计算预产期，其整个孕期共280天，10个妊娠月（每个妊娠月为28天）。由于每位女性月经周期长短不一，所以推测的预产期与实际预产期有1～2周的出入也是正常的。

根据末次月经计算：末次月经日期的月份加9或减3，为预产期月份；日期加7，为预产期日。例如：

赵女士的末次月经是2014年3月13日，其预产期约为：2014年12月20日。

钱女士的末次月经是2013年5月28日，其预产期约为:2014年3月5日。

根据胎动日期计算：如你记不清末次月经日期，可以依据胎动日期来进行推算。一般胎动开始于怀孕后的第18～20周。计算方法为：初产妇是胎动日加20周；经产妇是胎动日加22周。

根据基础体温曲线计算：将基础体温曲线的低温段的最后一天作为排卵日，从排卵日向后推算264～268天，或加38周。

从孕吐开始的时间推算：反应孕吐一般出现在怀孕6周末，就是末次月经后第42天，由此向后推算至280天即为预产期。

根据B超检查结果推算：医生做B超时测得胎头双顶径、头臀长度及股骨长度即可估算出胎龄，并推算出预产期。

（二）胚胎发育

在最初的几周内，胚胎细胞的发育特别快。这时，它们有三层，称三胚层。三胚层是胎体发育的始基。三胚层中的每一层都将形成身体的不同器官。内胚层将发育成肺、肝脏、胰腺、甲状腺、泌尿系统和膀胱等；中胚层将变

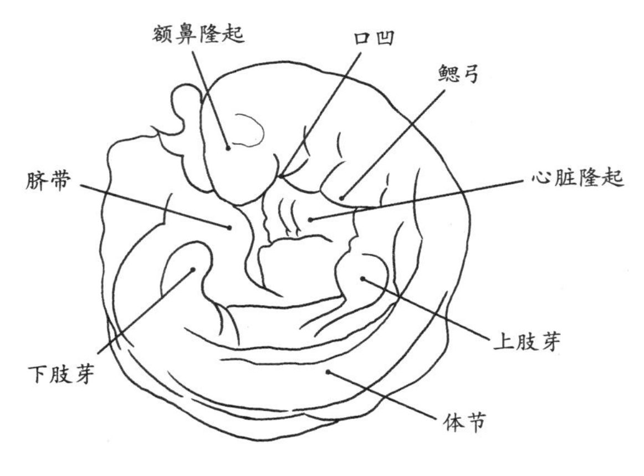

孕1月的胚胎发育

成骨骼、肌肉、心脏、睾丸或卵巢、肾、脾、血管、血细胞和皮肤的真皮等；外胚层将形成皮肤、汗腺、乳头、乳房、毛发、指甲、牙釉质和眼的晶状体。这三个细胞层将来分化成一个完整的人体。

第 3 周末，胎宝宝的心脏开始发育。

第 4 周时，胚芽长成圆筒状，头尾弯向腹侧，有长尾巴，外形像海马，与母亲相连的脐带开始发育。

本月的胎宝宝还是受精卵，长度不足 1 厘米，重量不到 1 克，被叫作“胚芽”或“胚胎”。

传统孕育拾贝

孕1月养胎

《逐月养胎法》：“妊娠 1 月名始胚，饮食精熟，酸美受御，宜食大麦，无食腥辛，是谓才正……不为力事，寝必安静，无令恐畏。”

中国传统胎育医学认为：怀孕 1 个月时，肚子里的小生命只能称为胚，孕妇的食物要少而精，主食以大麦为主（因为大麦具有很强的生发之力，十分有益于胚胎的生长），少吃荤腥辛辣的食物。这一阶段，孕妇身体不要过度疲劳，睡眠的环境要安静，无噪声打扰，更不能受到惊吓。不然，容易导致流产。

二、孕2月

（一）母体变化

此时，大多数准妈妈的外表还没有什么变化，但子宫已有明显的变化，怀孕前的子宫就像一个握紧的拳头，现在它不但增大了，而且变得很软。乳房发育，乳头增大，乳房皮下的静脉明显，还可能有刺痛、膨胀和瘙痒感，而乳头、乳晕颜色加深。以后会逐渐感到疲乏、嗜睡、头晕、恶心、反胃、食欲不振，挑食，喜欢吃酸食，怕闻油腻味，唾液的分泌量也会增加，常有恶心、呕吐的感觉。

特别提示

妊娠早期调控情绪很重要

妊娠后，由于雌激素与孕激素的刺激作用，准妈妈会感到胸部胀痛，时常疲劳、困倦，情绪波动比较大。这个阶段是胚胎腭部发育和神经管闭合的关键时期，如果准妈妈的情绪波动过大，会影响胚胎的正常发育，导致腭裂或唇裂。为了宝宝，准妈妈要好好调整自己的情绪，千万别因小失大！

（二）胚胎发育

孕 5 周：胚胎长约 0.6 厘米，像一个小苹果籽。主要器官如肾脏和肝脏开始生长，肢体的幼芽、面部器官开始形成，心脏开始有规律地跳动及供血。

孕 6 周：胚胎长约 0.8 厘米，形状像蚕豆。眼睛、鼻孔、耳朵即将发育；手和腿的位置变化也越来越明显；脑下垂体腺和肌肉纤维也开始发育；心脏可以跳到 150 次 / 分钟，相当于成人心率的 2 倍。

孕 7 周：胚胎长约 1.2 厘米，形状仍像蚕豆。眼睛越来越清楚，鼻孔大开，耳朵深凹下去，手和脚看上去像划船的桨，心脏已划分为左心房和右心室。

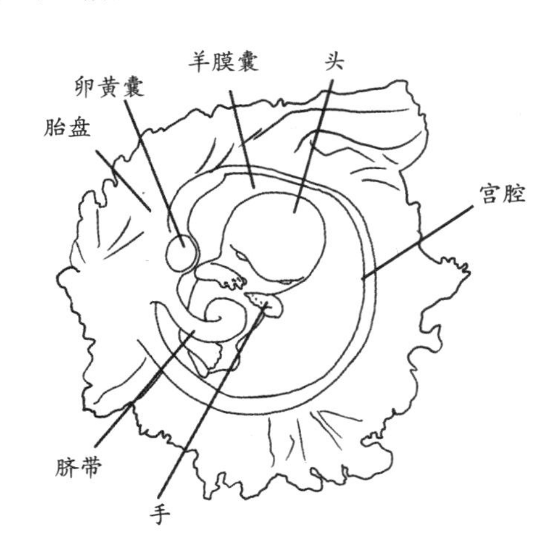

孕2月的胚胎发育

孕 8 周：胚胎长约 2 厘米，形状像葡萄。胚胎的器官已经开始具备了明显的特征，有一个与身体不成比例的大头，手指和脚趾之间隐约有少量蹼状物。从这时开始胚胎将迅速生长，并在几周中有明显的轮廓。本周胚胎的触觉和前庭觉都已经开始发育了。

孕 2 月末，胚胎长约 2.58 厘米，胎重 4 克上下。头部发育明显，占身体的一半，可分辨眼、耳、口、鼻，四肢已具雏形，心脏发育的关键时期基本结束，初具人形，超声波检查可探及胎心搏动。这个时候的胚胎已经可以像小蚯蚓一样在妈妈的子宫里蠕动了。

传统孕育拾贝

孕2月养胎

《逐月养胎法》：“妊娠二月名始膏。无食辛臊，居必静处，男子勿劳，百节皆痛，是为胎始结。”

在祖国传统胎育观中，孕2月的小生命就像（玉）膏一样，全身晶莹通透，各个脏器，包括血管都清晰可见。这时孕妇的饮食应清淡，居住应安静，不要受风寒。不然的话，会全身疼痛，胚胎会停止生长或流产。这与现代医学对于孕早期孕妇的生活建议非常吻合。

特别提示

如何面对早孕反应

在妊娠早期（停经5～6周），孕妇体内绒毛膜促性腺激素（HCG）增多，胃酸分泌减少及胃排空时间延长，导致出现头晕、乏力、食欲不振、喜酸食物或厌恶油腻、恶心、晨起呕吐等一系列症状，统称为早孕反应。这些症状一般不需特殊处理，妊娠12周后随着体内HCG水平的下降，症状多自然消失，食欲恢复正常。

美国科学家们有一个非常有趣的研究结论：孕吐很有可能是胎宝宝发动的，会把准妈妈体内的一些对自己生长发育不利的东西，通过妈妈的孕吐排出体外，让自己有一个更安全的生长环境。

加拿大多伦多儿童医院研究显示，那些怀孕初期妊娠反应大的妈妈，生下的孩子在智力测试、记忆和语言能力方面得分更高。即使母亲服用药物减缓妊娠反应，也不会减小这种效果。研究人员说，这可能是因为与妊娠反应有关的激素能促进胎儿大脑发育。

研究显示，70%～85%的准妈妈会有恶心和孕吐反应，症状轻微到中度时，对胎儿没有影响。即使是妊娠反应剧烈，通过医生检查只要没有其他疾病，经过治疗，也不会对胎儿有什么危害。但要提醒准妈妈的是，并不是所有的呕吐都是早孕反应。如果准妈妈长时间剧吐，没有及时就医，会生下体重不足的婴儿。

三、孕3月

（一）母体变化

此时的准妈妈腹部略微隆起，子宫也如拳头般大小了；乳房更加膨胀，在乳晕、乳头上开始有色素沉着，颜色发黑；尿频、尿急、便秘，从阴道流出的乳白色分泌物增多；脸和脖子上不同程度地出现了黄褐斑，腹部从肚脐到耻骨会出现一条垂直、黑色的妊娠线，腹部出现妊娠纹，以上这些都是正常的妊娠生理反应。

特别提示

预防妊娠纹与妊娠斑

注重饮食：多吃些胶原蛋白、胶原纤维丰富的食品，以增强皮肤的弹性，如鱼类；控制甜食及油炸食品的摄入，少吃色素含量高的食物；每天早晚各喝一杯脱脂牛奶，吃纤维丰富的蔬菜、水果和富含维生素及矿物质的食物，以此增加细胞膜的通透性和皮肤的新陈代谢功能；早上起床后，喝一大杯温开水，以刺激肠胃蠕动。

控制体重：怀孕后体重会增长，但每个月的体重增加不宜超过2千克，整个怀孕过程中增加的体重应控制在11～14千克。

适度运动：运动是增加皮肤弹性很重要的方法，怀孕前做一些瑜伽等运动，怀孕后也要做适度的运动，做一些简单的家务，以增强皮肤的弹性。或使用托腹带，以承担腹部的重力负担，减轻皮肤的延展拉扯。

（二）胎儿发育

从本月起，胚胎已经可以称为胎儿了。

孕9周：胎儿长接近3厘米。小尾巴消失，所有的神经、肌肉、器官都开始工作；眼帘开始盖住眼睛，手腕处有弯曲，两脚开始摆脱蹼状的外表，可以看到脚踝；生殖器官开始发育。

孕10周：胎儿长可达到4厘米，形状像扁豆荚。手腕和脚踝发育完成并清晰可见，手臂更加长，肘部更加弯曲。

孕11周：胎儿身长可达到5～6厘米，胎重达到14克左右。生长速度惊人，已经有了胎动；手指和脚趾清晰可见，手指甲出现。

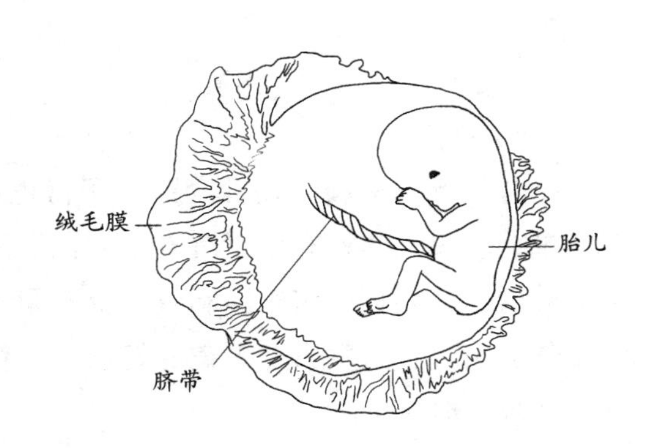

孕3月的胎儿发育

孕12周：胎儿身长可达6.5厘米左右。手指和脚趾完全分开。

孕3月末，胎儿的头臀长7.5厘米左右，体重也增长迅速；外生殖器已发育；指、趾可分辨，指（趾）甲形成，四肢可活动；肠道开始蠕动，心脏发育完全，多普勒超声检查可听到胎心。

这个月，胎儿的大脑已经进入了第一个脑发育高峰期。大脑细胞以每分钟25万个的速度迅速增长。

传统孕育拾贝

孕3月养胎

《逐月养胎法》："妊娠三月名始胞，当此之时，未有定仪，见物而化。欲生男者，操弓矢；欲生女者，弄珠玑；欲子美好，数视璧玉；欲子贤良，端坐清虚，是谓外象而内感者也。"

在祖国传统的胎孕理论中，也将孕3个月时的胚胎称为"胎儿"，因为这个阶段的胎儿已经初具人形。主张孕妇若希望所生的孩子德行和面容美好，就可以多把玩珍贵的璧玉，意为"君子温润如玉，女子肤若凝脂"。这与中国古代一直以来"外向内感"的说法直接相关，是说人和物之间有"感应"，如果孕妇总看美好的事物，胎宝宝也会更加美好；而如果孕妇总看恶俗的东西，也会无形中影响胎宝宝。

特别提示

积极学习孕产知识

如何愉快地度过漫长的“十月怀胎”过程，如何顺利分娩一个健康的宝宝，是每个家庭，特别是每个准妈妈都十分渴望了解的。国家要求，凡是设有产科的医院，都要建立孕期健康教育场所，课程内容一般包括“孕期常见问题及孕期检查”“孕期饮食起居”“科学胎教”“怎么样才能自然分娩”“如何坐月子”“母乳喂养”等。通过系统授课、孕妈妈现场模拟操作等授课方式，向准妈妈、准爸爸普及孕期知识，帮助孕妈妈安全度过妊娠、分娩和产褥期并掌握一定哺乳知识和技巧，养育一个聪明健康的小宝宝。

如今，社会上也有越来越多的专业机构从事胎孕服务，帮助准妈妈们正确规划孕期，学习孕产知识。准妈妈、准爸爸们应该在怀孕之后去参加“孕妇学校”或“孕妇课堂”的学习，做有准备的好父母。

第二节　孕早期保健指南

一、孕早期保健重点

确诊妊娠就要开始保健，并且越早越好。我国自 1978 年开展围产期保健以来，将孕早期的保健重点确立为保障孕妇的身心健康与防治胎儿畸形。

（一）及早确认妊娠并保护胚胎

在受孕后第 3 ～ 8 周时，胚胎逐渐分化出形态与功能不同的各类器官，这一时期特别易受化学物质作用而诱发畸形。停经是妊娠的最早信号，但月经延迟1周不来时，胚胎已是3周，已开始进入器官分化阶段。所以，早确认妊娠、早落实保护措施非常重要。

（二）重视第一次产检

第一次产前检查，进行初筛分类，确认高危孕妇，以便让孕妇本人及亲属心中有数。

高危孕妇包括以下几种。

❶ 年龄≥35岁或＜18岁；身高≤1.45米；体质指数＞24

❷ 有异常分娩及妇产科疾病、手术史

（1）不良孕产史：流产≥3次，早产史，围产儿残废史，出生缺陷、先天残疾儿史。

（2）不孕史。

（3）生殖道畸形。

（4）子宫肌瘤或卵巢囊肿直径≥5厘米。

（5）阴道手术、疤痕子宫、附件手术史。

❸ 发现问题需要进一步诊断的

（1）夫妇双方有遗传病史或家族史，需要做进一步的遗传咨询和必要的产前诊断者。

（2）发现各主要脏器如心、肝、肾等疾病或病史需要做进一步明确诊断者。

（3）孕早期检查结果有异常者。

（三）开展早孕保健指导

❶ 注意维护孕妇所处的大环境的安全、无害

❷ 维护孕妇本身作为胚胎发育的小环境的良好状态，预防感染

❸ 谨慎用药

孕期用药对胚胎、胎儿可能产生流产、致畸、生长发育迟缓等危害，特别在孕早期危害更大。因此，必须有明确的指征和对疾病治疗需要时才用药，不应乱用药物。

❹ 警惕异位妊娠，正确处理自然流产

❺ 做好孕妇的心理保健

二、孕早期检查与常见疾病预防

（一）孕早期检查

孕早期检查应在确定妊娠后开始。

孕早期检查的主要目的是了解胚胎发育过程并预防可能发生的问题，为整个孕期保健打下一个良好的基础。

❶ 检查项目

（1）询问个人史和既往史。

个人史：包括月经史、末次月经日期，孕产史，有无流产及高血压史，有无死胎或胎儿畸形史。

既往史：包括是否有心、肺、肝、肾等疾病，夫妇双方的家族史和遗传病史。

（2）体格检查。

全身系统检查与产科检查（包括腹部、骨盆和阴道）。通过腹部检查，了解宫底高度、胎方位、听胎心；阴道内诊，了解阴道、宫颈及分泌物情况；滴虫、霉菌常规检验；骨盆内外测量，了解骨盆类型及径线，初步估计胎儿分娩的方式。

（3）常规化验。

尿常规（包括尿糖）、血常规、血型及 Rh 因子（可早期发现母儿血型不合），肝功能及甲、乙、丙肝，梅毒血清试验等。

（4）B 超检查。

核对胎儿大小与孕周是否相符，有无脑积水、无脑儿、脊柱裂等畸形儿。

❷ 检查内容一览表

孕早期常规检查一览表

次　数	孕　周	检查目的	检查项目与意义	检查方法
1	0～5周	确定怀孕	尿：妊娠试验阳性，可以确定怀孕；计算预产期；禁止某些药物的服用和X光线的照射	早早孕试验

（续表）

次数	孕周	检查目的	检查项目与意义	检查方法
2	5～6周	排除宫外孕	子宫、输卵管、卵巢、腹腔：排除宫外孕，确定妊娠胎数（有无双胞胎或多胎），若有阴道流血，预防先兆流产	超声波
3	6～8周	胚胎发育	子宫：可以看到供给胎儿12周前营养所需的卵黄囊，还可看到胚胎组织在胚囊内；若能看到胎儿心跳，即代表胎儿目前处于正常状态	超声波
4	9～11周	遗传筛查	血清或绒毛膜采样：可以对多种遗传病进行筛查	实验室检查
5	12周	全面检查第1次产检	病史记录，全身检查，妇科检查及血、尿、肝功、肾功、梅毒、心电图检查	妇科门诊及实验室检查

特别提示

孕期检查的重要性

通过孕期检查，了解孕期母儿健康状况，及时发现和消除影响胎儿发育的有害因素，提高孕妇的身心健康指数，防治各种孕期并发症、合并症，为胎儿的生长发育创造良好的内外环境，做好对孕妇及胎儿的预防保健宣传教育，以保障母儿安全。主要是针对影响出生质量的各种因素：遗传性疾病，环境中的化学、物理、生物的有害物质，孕妇的营养膳食、职业、疾病等采取积极预防措施，运用现代医学技术对胎儿的成长和健康进行监测，对母儿实行统一管理，保证母儿获得良好的妊娠结局。

孕 12 周时进行第 5 次孕检，也就是第 1 次产检。

（二）建立《孕产妇保健手册》

建立孕产妇系统保健手册制度，目的是加强对孕产妇的系统管理，保障孕产妇及新生儿健康，使用保健手册需从确诊早孕时开始建册，系统管理直至产褥期结束（产后满 6 周）。

《孕产妇保健手册》记录孕妇的主要病史、体征及处理情况，是孕产期全过程的病历摘要；同时也是孕期、分娩、产褥期及新生儿的一份健康档案，对每一位孕妇都特别重要。

特别提示

《孕产妇保健手册》一般由孕妇居住地的一级医疗服务机构（社区卫生服务中心）提供，并在建册后负责健康管理。办理《孕产妇保健手册》时应带结婚证、准生证、身份证、户口本或居住证。

凭保健手册去医疗保健机构定期做产前检查。每次做产前检查时均应将结果填写在手册中，去医院住院分娩时，将保健手册交给产科，出院后由产妇家属交至居住地基层医疗保健组织，以便进行产后访视。

（三）常见疾病预防

❶ 宫外孕

宫外孕也称异位妊娠，是指受精卵种植并发育在子宫腔以外的组织或器官，其中98%发生在输卵管部位。

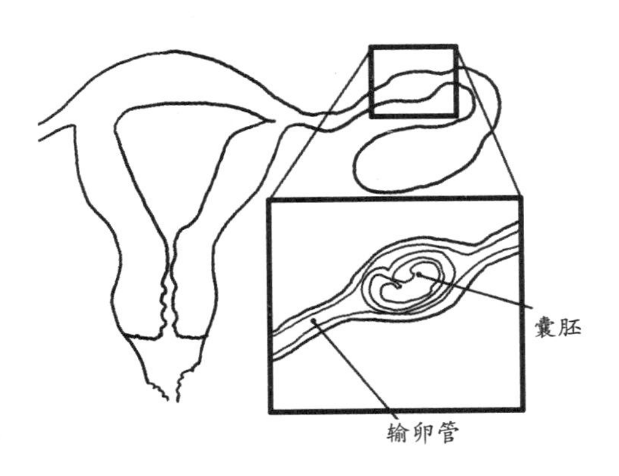

异位妊娠示意图

育龄期女性，有正常的性生活，在月经过期后，有少量阴道流血，突然出现腹痛和肛门坠胀，也就是出现了“停经、腹痛、阴道流血”三大症状，则可能患宫外孕，应尽快去医院就诊。宫外孕是一种相当危险的急腹症。以输卵管妊娠为例，如果受精卵着床于输卵管内，则可引起输卵管妊娠流产及破裂，可使孕妇出现失血性休克，危及生命。

特别提示

容易发生宫外孕的女性

宫外孕会给女性的身心健康乃至生命安全造成极大的威胁。具有下列情况的女性在妊娠时易于发生宫外孕，应当特别注意。

一是患输卵管炎或存在输卵管发育不良、畸形的女性。因输卵管肌层发育不良、内膜缺乏纤毛等病变，使输卵管输送受精卵的功能减退，不易使受精卵顺利到达宫腔。

二是患子宫内膜异位症的女性。异位在输卵管间质部的子宫内膜，致使管腔狭窄或阻塞，受精卵难以通过，而导致受精卵在子宫外着床。

三是患急、慢性盆腔炎的女性。由于盆腔中的肿物的挤压、牵引，使子宫或输卵管位置移动、形态变化，从而影响受精卵正常到达宫腔。

四是输卵管结扎术后复通的女性。输卵管不像以前那样畅通，再通处比较狭窄，受精卵在输卵管狭窄处着床。

五是有宫外孕病史的女性。如果没有查出和消除引起前次宫外孕的原因，再次怀孕后发生宫外孕的风险会比较高。

此外，女性宫内节育器避孕失败后，也容易发生宫外孕。

一旦发现宫外孕，应立即手术！

❷ 自然流产

孕早期自然流产可分为下列几种。

（1）先兆流产。早期先兆流产主要表现为停经一段时间后有早孕反应，以后有阴道流血，量少，色红，持续时间为数日或数周，无或有轻微下腹疼痛，伴腰痛及下坠感。

（2）难免流产。指流产已不可避免，一般多由先兆流产发展而来。

（3）不全流产。指部分胚胎已排出体外，尚有部分残留在子宫腔内。

（4）完全流产。指胚胎及附属物已全部排出。由于胚胎已排出，故子宫收缩良好，阴道流血逐渐停止或减少，腹痛消失。

（5）过期流产。指胚胎在子宫内死亡已超过两个月，但仍未自然排出。

（6）习惯性流产。指自然流产连续发生两次或两次以上。

提示与建议

不要盲目保胎

由于自然流产可分为母亲及胎儿两个方面，而且以胎儿为主，自然流产的胎儿中有30%～50%为染色体异常。研究发现，随着母亲年龄的增大，染色体异常率也增高，其中主要为21三体综合征。自然流产是有缺陷的胎儿自然淘汰，是自然界的一种“优胜劣汰”的规律。所以，不是人为原因出现的流产症状，最好不要盲目保胎。

如果感到子宫一阵阵收缩疼痛，并伴有阴道出血，可能是流产的先兆。准妈妈应该少活动、多卧床，不要行房事，不要提重物，并补充水分，及时就诊。经过治疗及休养，如胎宝宝存活，一般仍可继续妊娠。

习惯性流产最常见的原因是宫颈内口松弛、子宫畸形、子宫肌瘤、母儿血型不合等。习惯性流产的女性一旦妊娠，应及时请医生明确诊断，如适合保胎，应按照医生确立的方案进行治疗与休养。

3 妊娠剧吐

早孕反应严重、恶心呕吐频繁、不能进食、影响身体健康甚至威胁孕妇生命时，称妊娠剧吐。妊娠剧吐归于中医学“恶阻”的范畴。

妊娠剧吐主要表现为剧烈的恶心、呕吐、头晕、厌食，甚至食入即吐；或恶闻食气，不食也吐，甚至滴水不进。呕吐物为胆汁、清水或夹血丝。日久则出现脱水及代谢性酸中毒，表现为消瘦、体重下降、口唇燥裂、眼窝凹陷、皮肤失去弹性、尿量减少、呼吸深快、有醋酮味。严重者脉搏增快，体温升高，血压下降。

妊娠剧吐的病因迄今未明，可能主要与体内激素作用机制和精神状态的平衡失调有关。肾上腺皮质功能降低、维生素 B_6 缺乏也被认为可能是发病的原因。此外，精神因素对妊娠剧吐的发生有着较大的关系，精神紧张可加重病情。

妊娠剧吐严重者，应立即去医院诊治。

提示与建议

妊娠剧吐的调理

妊娠剧吐造成酮症酸中毒可以致胎儿发育异常；频繁呕吐引起营养不平衡也可以影响胎儿正常发育。因此，应采取以下措施进行调理。

一是保持情绪的稳定与心情舒畅。

二是居室尽量保持清洁、安静、舒适。避免异味的刺激。呕吐后应立即清除呕吐物，并用温开水漱口，保持口腔清洁。

三是注意饮食卫生，饮食以营养价值稍高且易消化为主，可采取少吃多餐的方法。

四是为防止脱水，应保证每天的液体摄入量，平时宜多吃一些西瓜、梨子等水果。

五是呕吐严重者，须卧床休息，保持大便的通畅。

如果调整后症状持续，无明显缓解，应立即就诊。

④ 感冒

感冒有狭义和广义之分。

狭义上指普通感冒，普通感冒又称急性鼻咽炎，简称感冒，俗称“伤风”，是急性上呼吸道病毒感染中最常见的病种，发生率高，影响人群面广、量大，且可以引起多种并发症。

提示与建议

孕早期发热的危害

高体温对胎儿的危害有时超过致热的病原。有研究报道，孕妇孕早期体温超过常温 1℃持续 24 小时以上，即有致畸可能；如果体温过高，持续时间短也可伤及胎儿，除致畸外，流产、死胎率增加。动物试验证明，孕期发热的母兔所生的小兔脑多处发育异常，出现神经管闭合不全、小眼、小头、小下颌、唇腭裂等。

预防措施：孕妇在孕早期如遇到感冒流行季节，应避免去公共场所，更不要与患感冒的病人接触，以免感染。孕早期如感染发热疾病，应积极采取物理降温措施，如多喝温开水，促使身体出汗降温，在额头、手腕、小腿上各放一条湿冷毛巾进行冷湿敷以退烧。

广义上还包括流行性感冒，一般比普通感冒更严重，额外的症状包括发热、冷战及肌肉酸痛，全身性症状较明显。

普通感冒或流行性感冒都会有发热的症状，孕早期发热对胎儿危害大，一定要做好预防。

三、膳食起居

（一）营养指导

❶ 膳食原则

按照《中国居民膳食指南 2007》中“孕早期妇女膳食指南”的原则，安排膳食。

（1）膳食清淡、适口。

清淡、适口的膳食能增进食欲，易于消化，并有利于降低怀孕早期的妊娠反应，使孕妇尽可能多地摄取食物，满足其对营养的需要。

（2）少食多餐。

怀孕早期反应较重的孕妇，不必像常人那样强调饮食的规律性，更不可强制进食，进食的餐次、数量、种类及时间应根据孕妇的食欲和反应的轻重及时进行调整，采取少食多餐的办法，保证进食量。

（3）保证摄入足量富含碳水化合物的食物。

怀孕早期应尽量多摄入富含碳水化合物的谷类或水果，保证每天至少摄入 150 克碳水化合物（约合谷类 200 克）。

（4）多摄入富含叶酸的食物并补充叶酸。

妇女应从计划妊娠开始尽可能早地多摄取富含叶酸的动物肝脏、深绿色蔬菜及豆类。

（5）戒烟、禁酒。

特别提示

孕早期偏食和营养不良的危害

孕早期偏食或者挑食，容易造成营养不良或营养不平衡。有研究显示，孕早期每日蛋白质摄入量低于55克，妊娠前3个月流产率为8.1%，新生儿健康甚佳者只有1/3；每日蛋白质摄入量高于85克，无流产发生，新生儿健康甚佳者达3/4。此外，营养过剩可造成孕妇、胎儿肥胖，给妊娠、分娩及母婴健康带来不同程度的危害。

20世纪80年代，英国的Barker教授经过对两万多例儿童与成人的跟踪研究发现，孕期母体营养不良和胎儿发育不良紧密相关，他还提出冠心病、糖尿病等成人疾病的“胎源”假说原理。该假说也被称为“多哈”（或都哈）理论DOHaD（Developmental Origins of Health and Disease），意指“健康与疾病的发育起源”，引发世界范围的关注和研究。

这一理论强调，胎儿在母体中的9个月以及出生到两岁期间的生命早期1000天，是有效预防成人期疾病的关键时期，包括孕期营养、母乳喂养、科学合理的辅食添加以及良好的教养环境。如今，中国保健协会也提出“零岁保健”的全新理念，呼吁全社会一起从胎儿期和新生儿期开始做好母婴保健，降低成人疾病的发生率。

❷ 一日食谱举例

食谱一	食谱二
早餐：甜牛奶（牛奶250克、白糖10克），馒头（标准粉100克），酱猪肝10克，芝麻酱10克。	早餐：甜牛奶（牛奶250克、白糖10克），馒头（面粉50克），煮鸡蛋（鸡蛋50克），咸菜5克，热拌豆芽（绿豆芽100克）。
加餐：香蕉1根。	加餐：红富士苹果200克。
午餐：米饭（大米100克），豆腐干炒芹菜（芹菜100克、豆腐干50克），排骨烧油菜（排骨50克、油菜100克），紫菜蛋花汤（鸡蛋50克、紫菜5克）。	午餐：豆粥（小米25克、红小豆10克），花卷（面粉100克），虾皮白萝卜（虾皮10克、白萝卜100克），鱼片西芹（黑鱼片75克、西芹150克）。
加餐：草莓100克，面包50克。	加餐：橙子100克。
晚餐：二米饭（大米25克、小米25克），鲜菇鸡片（鸡胸肉50克、鲜蘑菇50克），海蛎肉生菜（海蛎肉20克、生菜200克）。	晚餐：米饭（大米100克），肉丝鲜蘑油菜（瘦肉丝50克、鲜蘑25克、油菜200克），紫菜蛋花汤（紫菜5克、鸡蛋25克）。
加餐：牛奶250克。	加餐：面包（面粉50克），牛奶250克。
全日烹调用油25克，食盐及调味品适量。	全天烹调油用量25克，食盐及调味品适量。

（二）日常起居

❶ 运动

生命在于运动，准妈妈在怀孕时期的健康度直接影响到胎宝宝，因此，这个阶段的运动格外重要。在孕早期，往往有些准妈妈不敢运动，总担心自己的活动会伤及胎儿。其实，这种认识是不正确的。孕早期，妊娠反应比较严重、有先兆流产情况的准妈妈建议多卧床休息；身体状态良好的准妈妈可以进行适当的、合理的运动，能促进消化、吸收，有利于准妈妈吸收充足的营养，满足胎宝宝的营养需求，保证其健康发育。

2002 年美国妇产学院（ACOG）发表的《妊娠期和产后运动指南》中指出，如果准妈妈在孕前就有良好的运动基础，且孕后身体状态良好，建议每天选择 40 分钟到 1 个小时来进行适当的运动，这不仅可以调整准妈妈自己的心情，对胎儿的发育也非常有益。但要停止快跑、爬山、球类活动以及高温瑜伽等运动。

提示与建议

如果知道自己已经怀孕了，准妈妈应立刻停止原本高强度、高温环境的运动。

无论是孕前有无运动基础的准妈妈，该阶段都不建议进行强度大的运动，这一段时间胎宝宝在子宫中生长得还不是很稳定，因此，保证胎宝宝的安全是此阶段准妈妈最重要的工作。

孕早期适宜的运动是散步。建议准妈妈在清晨或傍晚可以选择人流量少、绿植丰富的地方适当散步、晒晒太阳，在充分补钙的同时也可以消耗体内多余的热量。通过散步，不仅能让准妈妈神清气爽、使体内的含氧量增多，还能够为胎宝宝的生长发育打下良好的基础。

❷ 衣着

孕妇有独特的美，若配上漂亮的衣着，就更能展现出怀孕体态特有的形象，给人以美的享受，使自己的心情愉快、充满自信，有利于胎儿的健康发育。孕妇的衣着搭配应该从孕早期开始，内衣、胸罩、上衣、裤子、鞋子都应该精心挑选。

提示与建议

孕早期的穿着

衣服的材料应选棉质或天然纤维制品，令人穿着舒适；可选色调明快、柔和甜美的图案，漂亮的孕妇服会令人快乐。

内衣：应轻、薄、软、宽大而得体，内裤应选高腰、腰围可以调节的，胸罩选择尺寸合适、没有钢丝托的。

上衣：应宽松、大方、得体。

裤子：有弹性、腰围合适。或直接选择托腹孕妇裤，这种裤子在肚子的前面是松紧的，腰围可以调节，是能够一直穿到孕期结束的。

鞋袜：鞋应选择低跟、质软、不需系带的，建议选择沙滩鞋、休闲鞋和运动鞋，既舒服又漂亮；袜子应宽松。

衣服鞋袜的选择与穿着，要根据季节、天气的变化，注意温度调节。

❸ 睡眠

在孕早期，准妈妈会开始在白天感觉非常困倦，突然感到想睡觉，但晚上睡眠困难，什么姿势都不舒服，辗转反侧，怎么也睡不沉。

孕早期的准妈妈白天突然想睡觉的现象是由于体内孕酮（也称为“黄体酮”）水平增高造成的，但这种激素在晚上反而会影响孕妇睡眠，让准妈妈白天更加疲惫。所以，准妈妈一旦觉得困了，就要抓紧时间小睡一会儿。

提示与建议

保证睡眠

怀孕早期，准妈妈就应开始训练左侧卧睡眠的习惯，这样能促进血液和营养流向子宫和胎宝宝，还能帮助肾脏更好地排毒。越早习惯这个睡眠姿势，将来肚子更大时就能睡得越好。

另一个影响孕妇睡眠的原因就是日益增大的子宫压迫膀胱，让准妈妈不停地想上厕所。解决的办法就是白天多喝些水，傍晚开始不喝或少喝水。

建议准妈妈晚上9点左右用温水泡泡脚，喝杯热牛奶，10点左右上床睡眠；保持卧室安静、空气新鲜、房间整洁、床品宽大洁净；听听轻音乐，愉悦放松心情，可以促进睡眠。

禁止同房

妊娠早期是流产的高发时期，性高潮时的强烈子宫收缩，有使妊娠中断的危险，所以有过流产史、此次妊娠曾出现少量阴道流血的先兆流产的女性，要尽量避免在这个月与丈夫亲密接触，以预防流产。

（三）心理调适

孕早期的准妈妈由于激素的变化，身体会产生多种不适，使情绪变得起伏不定、烦躁不安，常会因为一点儿小事生气甚至掉眼泪。准妈妈长期心情不好，会影响胎儿健康发育。因为孕早期是胎宝宝发育面部器官以及神经系统的关键时期，准妈妈长期持续的坏情绪会在一定程度上影响胎宝宝的发育。

提示与建议

研究显示，儿童孤独症、注意缺陷多动障碍等发育行为疾病，与妈妈孕早期的焦虑、抑郁情绪有很大关系。为了胎宝宝的健康发育，准妈妈在这一阶段应该客观面对身体不适、心情不好等变化。当情绪莫名其妙地波动时，要告诉自己这是迎接宝宝的必经之事，不要任由自己的坏情绪发展下去。准妈妈还可以主动进行个人情绪的调整，通过听音乐、欣赏艺术作品、阅读有益读物、向亲人倾诉等方式缓解和释放不良情绪，尽可能愉快地度过孕早期。

第三节 胎教与准爸爸的责任

一、胎教概述

胎教，是一个古老又新鲜的话题。

说它古老，是因为在几千年前，我们的祖先就已经开始关注孕育期间母亲和胎儿之间的关系，这些关系包括母子情绪之间的相互影响、身体健康情况的相互影响甚至是母亲在孕期言行举止的规范对胎儿出生之后在人格、性格方面的深远影响。这些理念和要求如今已经成为全球孕期女性都提倡和实践的一种积极而有益的孕期生活方式。

说它新鲜，是因为近一个世纪以来，随着全球医疗领域和科学技术的快速进步和发展，人类在对生命科学的探索过程中，揭示了越来越多生命在形成过程中的“秘密”：基因学让我们知道器官和性格原来都是可能被“复制”的；脑科学让我们了解人类大脑的发育黄金期始于孕期，而发育效果可以在孕期得到更好的促进；内分泌学告诉我们紧张情绪会导致不孕，影响产后泌乳，恐惧情绪会让胎儿发育受阻甚至是畸变；出生前心理学为我们见证了胎儿在子宫中不为人知的惊人能力以及准父母对他们出生后的巨大影响……

“胎教文化”在经过国内外妇产医学、脑神经科学、内分泌科学、胚胎科学、基因遗传科学、心理学和早期教育领域中诸多学者们的科学实践和验证后，于几千年后的今天被赋予了新的活力和意义：它并非“神话”，也不是“工具”，它是一种科学且有益准妈妈身心健康的孕期生活方式，也是人类自胚胎到降生时促使身心发育更优质的一种滋养形式。

（一）起源

关于胎教的起源，目前在全球范围内都认同始于中国。最早可见于《黄帝内经》中“孕妇七情过盛，可导致胎病”之语。所谓“七情”，是指喜、怒、忧、思、悲、恐、惊七种情绪，意思就是说准妈妈在孕期一定要调适好自己的各种情绪，以免因为孕期情绪极端对胎儿造成不良影响，导致“胎儿得病”。

之后，关于胎教的一系列相关理论就被广泛地记载于不同时期的哲学、教育、政治、文学、医学等典籍之中。例如，成书于殷周年间的《易经》、汉代司马迁的《史记》、南北朝时期颜之推的《颜氏家训》、唐代孙思邈的《千金要方》、宋代朱熹的《小学》、明代朱棣的《普济方》、清代陈复正的《幼幼集成》等，都记载了许多关于胎教的内容。

古时胎教的基本含义是孕妇必须遵守道德、行为规范。古人认为，胎儿在母体中容易被孕妇的情绪、言行同化，所以孕妇必须谨守礼仪，给胎儿以良好的影响，名为胎教。《大戴礼记·保傅》：“古者胎教，王后腹之七月，而就宴室。”又说：“周后妃（即邑姜）任（孕）成王于身，立而不跂（不踮脚尖），坐而不差（身子歪斜），独处而不倨（傲慢），虽怒而不詈（骂），胎教之谓也。”《列女传》中记载，周文王之母太任在妊娠期间，“目不视恶色，耳不听淫声，口不出敖言，能以胎教”。一直被奉为胎教典范，并在此基础上提出了孕期有关行为、营养、起居各方面之注意事项，如除烦恼、禁房劳、戒生冷、慎寒温、服药饵、宜静养等休养方法，以达到保证孕妇身体健康、预防胎儿发育不良以及防止堕胎、小产、难产等目的。

（二）发展

从 20 世纪 70 年代开始，随着全球医学科学的发展和生命科学研究的深入，人们可以通过各种仪器对胎儿在子宫内的活动及反应进行动态观察。国内外大量科学研究已证明，胎儿在子宫腔内是有感觉、有意识、能活动的一个“小人儿”，能对外界的触、声、光、味等刺激发生反应，孕妇在思维和联想时所发生的脑波变化、神经信号以及体内荷尔蒙的变化，都能被胎儿接收到，给胎儿神经细胞发育创造一个信息丰富的环境。这些研究结果为胎教奠定了理论基础，促进了胎教的发展，并受到普遍重视。

在 20 世纪 70 年代，法国、美国最早创建了专门进行科学胎教的“胎儿大学”。基本是在同一时期，美国还有了专门研究胎儿期心理发育的“出生前

心理学”。之后，德国、英国、日本、韩国等国家也均有相关课题的研究和探索。这些研究和探索充分证明了母亲与胎儿之间的情绪影响与信息互动的效果，以及胎宝宝能够在子宫内通过逐渐发育成熟的大脑处理多种信息并产生情绪与记忆。孕期准妈妈对胎宝宝进行科学、系统的胎教活动，对于胎儿的大脑、情商及体能的发育都有着非常好的促进效果。

科学胎教，绝不是指对胎儿进行的教育，也并不以把孩子培养成神童为目的。其核心是要求准妈妈在孕期调整好自己的衣食住行，构建平和的情绪环境和健康的身体状态，避免对胎宝宝身心发育可能造成的不良刺激。在此基础上针对胎儿不同时期的智能发育重点，通过音乐、语言、抚摸、运动等多种方法，主动地给胎儿创造有益的信息刺激，以促进胎儿的身心健康和智力发育。最重要的是，在这个过程中，准父母与胎宝宝之间产生深厚的情感联结，为宝宝出生后亲子关系的建立打下了坚实的基础。

特别提示

胎教

广义的胎教是指为了促进胎儿生理和心理的健康发育成长，同时确保孕产妇能够顺利度过孕产期所采取的精神、饮食、环境、劳逸等各方面的保健措施。因为如果没有健康的母亲，就不能生育出健康的孩子。

狭义的胎教是指妊娠期间，在加强孕妇的精神、品德修养和教育的同时，重点通过母体，利用音乐、语言、抚摸、运动、味道等方法和手段，刺激胎儿的感觉器官，以激发胎儿的大脑和神经系统的有益活动，从而促进其身心健康发育。

我们通常所说的胎教，一般是指狭义的胎教。然而，广义和狭义的胎教是统一的，两者不可偏废，通过孕期学习和保健让准妈妈具备健康的身心，为胎宝宝的成长提供良好的环境。在此基础上，针对胎宝宝不同阶段的发育特点和大脑的两次发育高峰，通过科学胎教的方式对胎儿的感官给予有益的刺激，最终促进胎儿的大脑和身体发育。

准妈妈与胎宝宝在科学胎教中是两个重要的主角，所有胎教方法都是准妈妈与胎宝宝的交流与互动，不应将他们独立和割裂开。

二、适合孕早期的胎教

（一）冥想胎教

❶ 概念

冥想胎教就是想象美好的事物，使孕妇自身处于一种美好的意境中，再把这种美好的情绪和体验传递给胎儿。冥想本身是一种可以让心情平和、情绪稳定的方法，多见于瑜伽中，已经有三千多年的历史了，甚至成为一种技术应用在多个领域。除了能够让人更好地放松身心、缓解焦虑之外，在国外使用的一些催眠分娩法中，也广泛应用到冥想技术，帮分娩的准妈妈们更好地减缓分娩疼痛。

❷ 作用

日本著名医学博士春山茂雄从大量临床实践和科学研究中证实，在进行冥想的过程中，大脑能分泌出一种名为“内啡呔”的荷尔蒙，它不仅能保持脑细胞的年轻活力，而且能使人产生心情愉快的感觉，使身体的免疫功能增强。孕期女性由于生理原因，会或多或少地出现焦虑、抑郁的情绪，而这种情绪与胚胎各方面的发育有着非常密切的关系。这一阶段的准妈妈可以通过冥想，帮助自己放松身心，最大限度地缓解焦虑。

❸ 方法

一是可以借助音乐进行冥想。聆听喜欢的音乐旋律会激发准妈妈内心美好的情绪体验，在愉悦的感受中，准妈妈的思维和情绪都能渐渐变得平稳，身体也会慢慢变得舒展和放松。

二是可以通过美好的画面进行冥想。想象漂亮娃娃的画像，想象名画、美景、乐曲、诗篇等所有美的内容，这些美好的想象会激发准妈妈内心良好的情感体验。

三是可以通过呼吸的调整进行冥想。准妈妈利用深呼吸、腹式呼吸让自己的情绪平静下来，利用母亲和胎儿之间情绪、意识的传递，通过对美好事物和意境的联想，将美好的体验暗示和传递给胎儿。

特别提示

正因为先有了怀孕的愿望，然后才有了生命的成长。从胎教的角度来看，准妈妈在孕期通过冥想胎教的效果也是非同小可的，有效的冥想不仅能让准妈妈的身体持续营造一个健康快乐的内环境，更重要的是，无论是通过音乐、画面或是呼吸，在进入冥想时准妈妈的意识可能会过渡到潜意识的状态，这时候可能会与胎宝宝通过脑波的信息传递来达成深度交流。

美国科学家及学者维尔尼在其著作《提前培育：从受孕开始培育孩子》中写道："从受孕的那一刻开始，子宫内的体验便塑造了大脑，铺设了性格、情绪气质和高阶思维能力的基础。无论醒着还是睡着，未出世的孩子始终接收母亲的行动、思想和感觉。"

之所以有这样的结论，是因为胎宝宝在孕中后期的大脑发育已经逐渐成熟，孕 8 个月的胎儿其大脑发育的成熟度已经与新生儿类似，此阶段的胎宝宝已经开始慢慢出现意识和情绪，甚至已经会做梦，这都是具备多种心理活动的典型特征，也是胎宝宝能够在子宫里与准妈妈交流的一个非常重要的基础。

（二）情绪胎教

❶ 概念

情绪胎教是准妈妈进行所有科学胎教的根本。良好的情绪可以使准妈妈体内产生更多有益身体健康的神经递质，可以更好地促使胎儿在这一阶段的神经管以及面部器官的重要发育不受影响和干扰。

❷ 作用

情绪胎教是保障孕期母子心理和生理健康的重要方法，决定着母子关系的和谐与否以及孩子后天的心理素质和心理健康，也是直接影响家庭关系、保障孕妇健康的主观因素。如果孕早期的准妈妈持续处在严重的焦虑或恐惧中，这样的坏情绪会让身体产生很多恶性的神经递质，当它们在体内积蓄过多的时候，就有可能影响胚胎细胞以及身体组织发育的进程，甚至阻断这一阶段器官的发育，严重的可能造成唇腭裂等情况，甚至还可能导致流产。

❸ 方法

准妈妈通过自身修养和生活品位的不断提高，以及由女人向母亲角色转变过程中内心品质的提升，间接地达到滋养胎儿的目的，对胎儿的情绪、性格、健康、心理起着至关重要的作用。

那么，该怎样做好情绪胎教呢？

（1）胸怀宽广，乐观向上。

多想孩子出生后的美好未来，避免烦恼、惊恐和忧虑，快快乐乐度过每一天。

（2）生活环境整洁美观。

始终保持房间洁静、空气新鲜、物放有序，给人以赏心悦目的感觉。

（3）饮食起居要有规律。

饮食清淡可口，营养均衡；按时作息，适当活动与工作，劳逸结合。

（4）保持仪表美观大方。

衣着打扮、梳洗美容应考虑到是否有利于胎儿和自身的健康。

（5）常听优美的音乐，常读诗歌、童话和科学育儿书刊。不看恐怖、紧张、色情、斗殴类电视、电影、录像和小说。

另外，准爸爸在情绪胎教中肩负特殊的使命，应了解、适应妻子妊娠期间所产生的生理及心理变化，加倍爱抚、安慰、体贴，尽可能使妻子快乐，营造美好的生活环境，共同憧憬美好的未来。

提示与建议

以科学的态度、正确的目的对待胎教

胎教是为了使每个胎宝宝身心发育更健康、更聪明，提高其综合素质水平，而不该像一些宣传误导的那样，是为了培养天才、神童。天才在人群中毕竟是少数，而胎教的主要目的是让胎儿的大脑、神经系统及各种感觉机能、运动机能发展得更健全、完善，为出生后接受和适应各种刺激、训练打好基础，使孩子对未来的自然与社会环境具有更强的适应能力。

以必备的知识、冷静的头脑参与胎教

社会上的“胎教方案”林林总总，常常让备孕的夫妻及家人深感困惑。建议夫妻两人在准备怀孩子之前，应学习一些有关儿童发展方面的知识，包括孕期保健、心理卫生、胎儿不同时期的智能发育、中国传统胎教的原则与内容，以及国内外在胎儿智能发育方面的探索研究结论和一些具体的胎教方法。只有了解了这些知识，才能使自己做到心中有数，保持冷静的头脑，善于识别和选择适合自己的方法。

三、准爸爸的责任

男士在成为一位好爸爸之前，首先要知道并全面实践如何做好一个准爸爸。在妻子怀胎十月的过程中，通过慢慢地了解和学习，最终成功升级，成为一位真正的好爸爸。

成为一位好爸爸，应该从妻子的孕早期开始。

（一）当好“后勤部长”

❶ 给妻子添置适合孕期穿着的、舒适得体的衣服、鞋袜

❷ 主动承担一些家务，减轻妻子的体力消耗，保证她有充分的休息和睡眠

❸ 把房间布置得干净温馨，注意通风、光照

❹ 悉心关照妊娠中的妻子，为她预备清淡可口的饭菜；选购一些梅子、柠檬、薄荷等有助于减轻早孕反应的小食品

❺ 预备关于孕期指南及科学育儿方面的书籍

（二）共同学习孕育知识

❶ 与妻子一起选择、确定孕期检查与分娩的医院，并陪同妻子孕检、参加孕妇学校，学习孕期保健、自然分娩及科学育儿知识

❷ 在医生指导下，督促妻子天天按时按量服用叶酸

❸ 和妻子一起制订一个孕期日程表，共同记录妊娠日记

❹ 避免性生活，预防流产

（三）安抚妻子的情绪

❶ 温柔体贴地对待妻子，及时疏导其不良情绪

❷ 充分理解和包容妻子，想方设法满足她的要求，不要责怪她的挑剔和娇气，用风趣幽默的话语与妻子进行沟通

❸ 帮助妻子分散注意力，克服早孕反应

❹ 多给妻子鼓励和赞扬，帮助她建立孕期生活的信心

❺ 多陪妻子散步、消遣、娱乐

❻ 促进家庭和谐，让妻子放松身心，尽可能开心愉悦地度过孕早期

第三章

孕中期

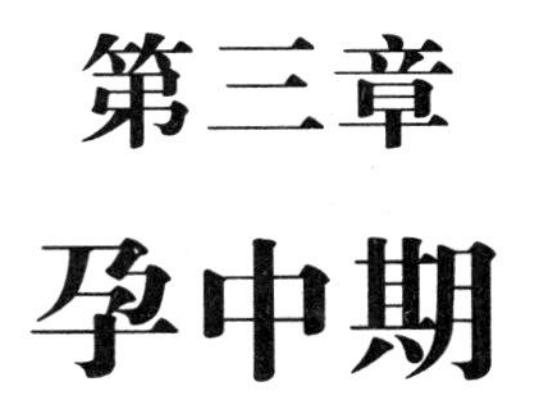

第一节　母体变化与胎儿发育

一、孕4月

（一）母体变化

到了孕4月，准妈妈的乳房明显增大，腹部开始隆起，但还不是很明显。子宫长大并长出骨盆，肚脐下会有明显的凸痕，准妈妈可以在肚脐下方7.6～10厘米的位置摸到自己的子宫。腹部逐渐向前凸出，腰椎前凸增加，骨盆前倾。身体重心前移，加重背部肌肉的负担，准妈妈常常会感到腰痛。

由于荷尔蒙上升，准妈妈会感到比怀孕前更脆弱、敏感和易怒。随着孕周的增加，准妈妈的心肺功能负荷增加，心率增速，呼吸加快、加深，加重了原有的焦虑情绪。妊娠反应逐渐消失，胃口变好。

特别提示

关注胎动

孕4月，准妈妈对胎宝宝最大的期待就是胎动。如果暂时还没感觉到，也不必担心，这也因人而异，大部分准妈妈是在孕20周左右感觉到胎动。为何会有胎动呢？因为胎儿逐渐发育长大后，会伸展屈曲的四肢，这些动作可以帮助胎儿的肌肉适当地发育，胎儿大约自第8周起即会开始运动，此时脊柱亦开始进

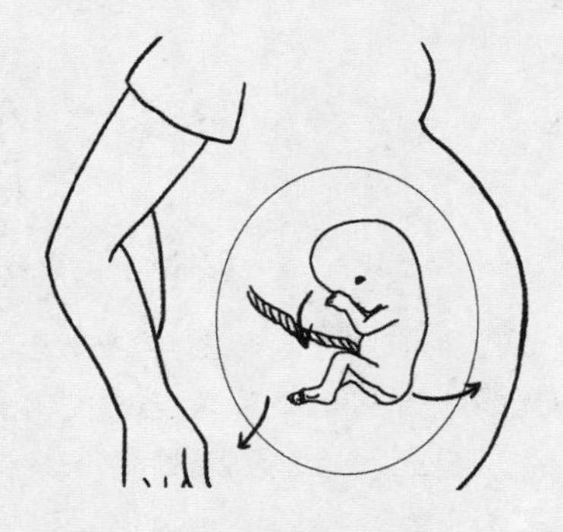

胎动示意图

行细微的小动作，在这个时候的胎动母亲还无法感知。孕16周之后，完全发育的四肢会开始活跃地运动，通常准妈妈在这个时候可以感觉到胎动。胎儿的拳打脚踢、转身等动作，准妈妈不仅能感觉得到，也能看到自己腹部的波动。

但有些准妈妈可能还是不知道胎动是什么感觉，这与准妈妈自身的敏感度有一定关系，不用着急，不久之后一定会感觉到。

（二）胎儿发育

孕16周末，胎宝宝身长16厘米上下，重量达到100克以上，看上去还是非常小，大小正好可以放在成人的手掌里。

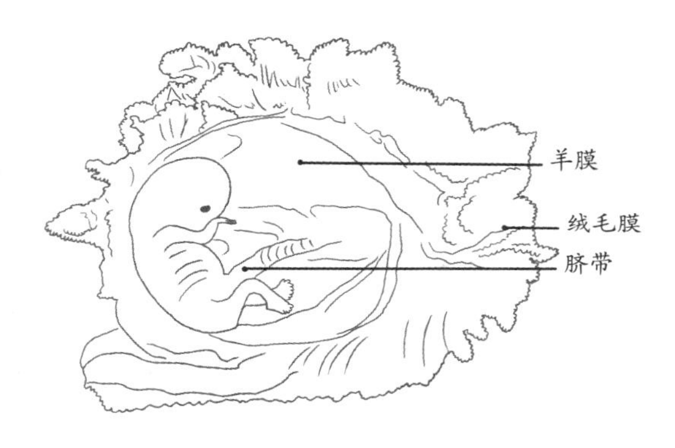

孕4月的胎儿发育

胎儿的五大感觉器官都开始进入快速发育时期，这个月末，胎宝宝的眼睛已经开始能够逐渐感知光线了。他的头部占身长的1/3，耳朵移至最终位置，性别可以识别，长出头发，出现呼吸样动作。部分准妈妈可感觉到胎动。

此时，胎宝宝处于脑发育的高峰期，来自准妈妈的各种胎教信息刺激都

传统孕育拾贝

孕4月养胎

《逐月养胎法》："妊娠四月，食宜稻粳，羹宜鱼雁，是谓盛血气，以通耳目，而行经络……四月之时，儿六腑顺成，当静形体，和心志，节饮食。"

孕4月时，胎宝宝的血脉已经贯通，通过现代科技手段，我们已经可以清晰地看到这个阶段胎宝宝的血管。也是在这一时期，胎儿的内脏也逐渐形成。因此，准妈妈要时时保持愉快的心情，做到饮食有节，应该用最好的稻米加上鱼或鸡、肉等做粥，以保证胎宝宝的健康发育。

会储存到正在发育的脑细胞中，更重要的是，这些信息越多也越能促进胎宝宝的脑细胞发育。

特别提示

教你数胎动

孕4个月以后，准妈妈应每天认真地数胎动。每日早、中、晚固定1小时自数胎动，胎儿每活动一下算一次胎动，这样将3小时胎动数相加再乘以4，即为12小时胎动数。12小时胎动大于30次为正常，单次数一小时胎动应大于3次。将每天的胎动数写入“妊娠日记”。

准妈妈每天务必定时数胎动，注意胎儿活动的次数及性质的异常。如果胎动过频或过少或突然减少50%，均提示胎儿宫内有缺氧情况，一旦自觉胎动减少或消失，应立即去医院。

需要注意的是，胎儿有自己的睡眠活动周期和活动规律。一天当中，早晨胎动较少，下午最少，晚上最多，每日胎动次数可达几十至数百次。接近分娩期时，由于胎儿的头有一部分进入骨盆入口，不便于活动，所以胎动也渐渐地减少。

二、孕5月

（一）母体变化

孕5月，准妈妈的子宫渐渐变大，如幼儿头大小，子宫高度为15～18厘米（脐下一横指）。下腹部隆起明显，会感到腹部沉重。乳腺管、腺泡发育加快，乳房

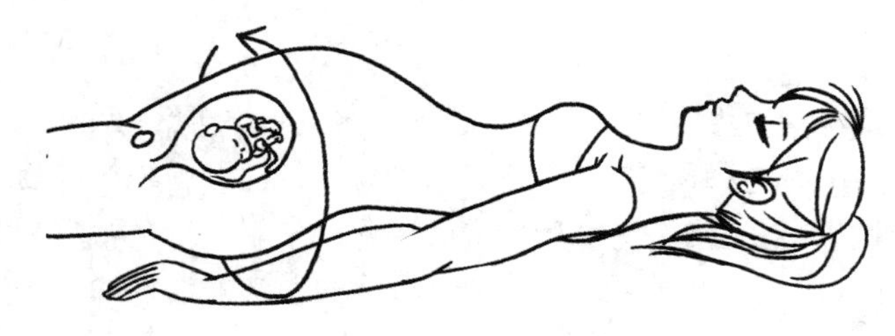

如何测量腹围

变得丰满，乳头着色加深。由于皮下脂肪增加，准妈妈会显得体态丰盈。

准妈妈自己可以感觉到胎动活跃，经腹壁能触及胎儿肢体及浮球感胎头（宫内羊水致浮动感）。

特别提示

学会量腹围

以脐部为中心，环腹部一周的长度为腹围。怀孕20～24周时，腹围增长最快；怀孕34周后，腹围增长速度减慢。腹围增长过快时应警惕羊水过多、双胎等。测量方法是：从孕16周开始，每周一次用皮尺（以厘米为单位）围绕脐部水平一圈进行测量。

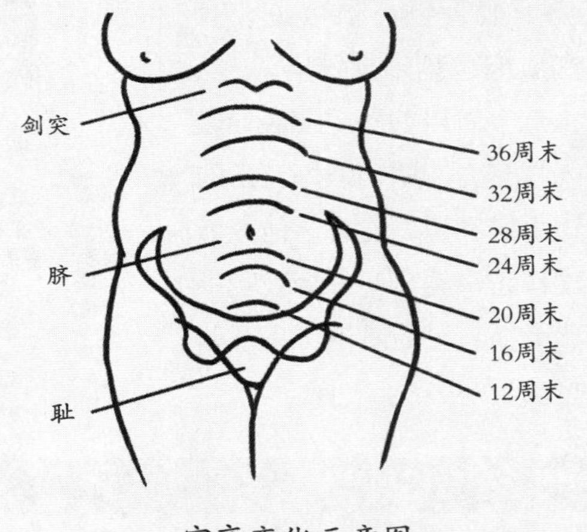

宫高变化示意图

在正常情况下，一般中等体形的孕妇（不能过胖、不能过瘦），孕后腹围的标准是：妊娠5个月时81厘米，6个月时84.5厘米，7个月时88厘米，8个月时91.2厘米，9个月时94.5厘米，10个月时96.5厘米。

当然，腹围的大小，受孕妇怀孕前腹围的大小和体型的影响，应综合分析。

关注宫高的变化

宫高是指从下腹耻骨联合处至子宫底间的长度。从孕20周起，测量子宫高和腹围是每次孕检必须做的项目。从孕20周开始，准妈妈的宫高每周都应增加1厘米，如果宫高连续2周没有变化，准妈妈需立即去医院。

（二）胎儿发育

孕5个月（20周末）的胎儿身长约25厘米，重量300克左右。全身出现胎毛和胎脂，开始出现吞咽与排尿功能。头部及身体上有一层薄薄的胎毛长出来，头发、眉毛齐备，眼睛还是闭着的，耳朵的入口张开，牙床开始形成，手指、脚趾长出指（趾）甲，并呈现出隆起。由于脂肪开始沉积，皮肤变成半透明，但皮下血管仍清晰可见，骨骼和肌肉也越来越结实。

这一阶段的胎宝宝会通过越来越有力的胎动锻炼自己的身体力量和协调能力。他会做的动作越来越多——会吸吮手指，会抓自己的脐带，也开始会打嗝了……

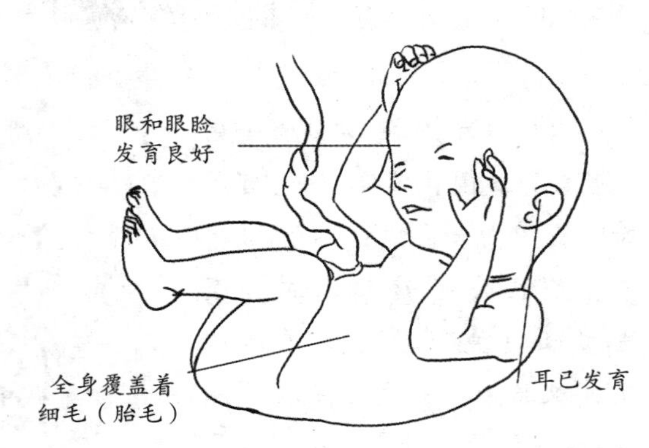

孕5月的胎儿发育

传统孕育拾贝

孕5月养胎

《逐月养胎法》："妊娠五月，卧必晏起，沐浴浣衣，深其居处，浓其衣裳，朝吸天光，以避寒殃……五月之时，儿四肢皆成，无大饥，无甚饱，无食干燥，无自炙热，无大劳倦。"

孕5月，胎宝宝的四肢逐渐形成而且越发有力。准妈妈应早睡晚起，保证充足的睡眠，衣服要勤换勤洗，注意保暖，适当沐浴阳光，可以预防外界的疾病。在现代准妈妈的孕期过程中，也建议多晒太阳促进钙的吸收，因为胎宝宝的骨骼也开始进入快速发育阶段，如果准妈妈钙量不足的话，就会出现抽筋等缺钙状态。建议这个阶段的准妈妈不要过饥、过饱和过度疲劳，这也是如今要求孕妇营养均衡和控制孕期体重的重要方法。

三、孕6月

（一）母体变化

妊娠反应结束，准妈妈的心情较妊娠初期好转。从外观上看，孕妇腹部增大，前凸明显，子宫高度为 18 ～ 24 厘米（约平脐高或脐上一横指）。这一时期，由于子宫增大压迫盆腔静脉，会使孕妇下肢静脉血液回流不畅，可引起双腿水肿，足背及内、外踝部水肿尤多见，下午和晚上水肿加重，晨起减轻。由于子宫挤压胃肠，影响胃肠排空，孕妇可能常感饱胀，容易出现便秘。

孕妇体重大约以每周增加 250 克的速度在迅速增长。心率增快，与孕前相比每分钟增加 10 ～ 15 次。乳腺发达，乳房进一步增大，且可挤出淡淡的初乳，同时阴道分泌物增多，呈白色糊状。

特别提示

做好乳房保健

1. 选择合适的内衣，保证乳房血液循环通畅，促进乳腺组织的正常发育。

2. 学会正确按摩乳房，为产后哺乳做好准备。

3. 乳头护理要持续，可用干毛巾轻擦乳头，有助于预防哺乳时的乳头破裂。

4. 不宜使用肥皂或酒精清洗乳头。

纠正凹陷乳头

如发现乳头凹陷，孕 5 个月后，可以进行纠正。具体方法是：

先将两手拇指平行放在乳头左右两侧，慢慢向两侧拉开，牵拉乳晕及皮下组织，使乳头向外凸出。再将两手拇指分别放在乳头上下两侧，将乳头上下纵行拉开。可重复做多次，每次 5 ～ 10 分钟，使乳头凸出，再用食指和拇指捏住乳头轻轻向外旋转牵拉数次。

（二）胎儿发育

孕 6 月（24 周）的胎宝宝身体长度已达 30 厘米左右，体重 700 克左右。各脏器均已发育，皮下脂肪开始沉积，但量不多。出现眉毛和睫毛，指甲达末端；男性胎儿睾丸开始降入阴囊；听力基本形成，五官越发清晰，具备了微弱的视觉；舌头上的味蕾开始逐步发育成熟。

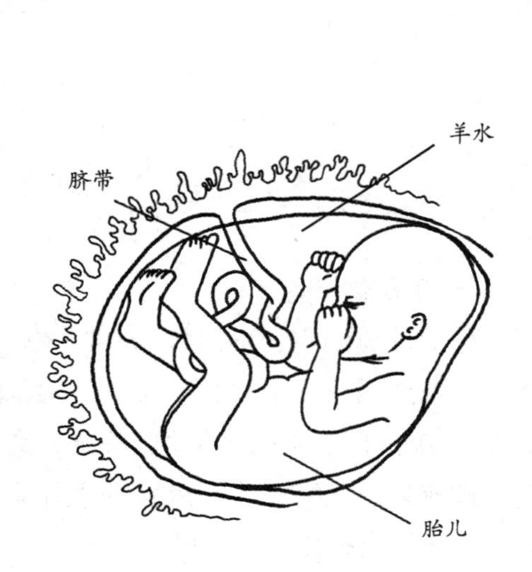

孕6月的胎儿发育

传统孕育拾贝

孕6月养胎

《逐月养胎法》：“妊娠六月，身欲微劳，无得静处，出游于野，数观走犬，及视走马。食宜鸷鸟猛兽之肉，是谓变腠理、纫筋，以养其力，以坚背脊。”

孕 6 个月的准妈妈，应当适当从事一些轻体力劳动，并经常到户外活动，观看小狗、马匹等家畜的走动和奔跑。每天食用适量的肉类，补充蛋白的同时也可以促进胎宝宝长筋骨，因为我们的筋连缀着四肢，它的特点是柔韧，而我国自古就有“筋长一寸，寿延十年”的俗语。此时主张多看动物奔跑，其实也是一种对新生命的期待与暗示，希望孩子从小就拥有健康的体魄和强健的体能。

四、孕 7 月

（一）母体变化

孕 7 月，准妈妈的子宫继续增大，子宫底的高度可达脐上三横指，从耻骨联合上缘测量其高度（宫高）为 21 ～ 24 厘米。上腹部也明显凸起胀大，可以称得上“大腹便便”。

大约有70%的准妈妈这时都会发现自己长了妊娠纹。此外，子宫肌对外界的刺激开始敏感，如用手稍用力刺激腹部，可能会出现较微弱的收缩。

日渐增大的胎儿使准妈妈的肚子有了明显的沉重感，准妈妈的动作显得笨拙、迟缓。由于身体新陈代谢消耗氧气量加大，活动后容易气喘吁吁。腹部向前挺得更为厉害，所以身体重心移到腹部下方，只要身体稍微失去平衡，就会感到腰酸背痛或腿痛。

有时这种疼痛放射到下肢，引起一侧或双侧腿部疼痛。心脏的负担也在逐渐加重，血压开始增高，静脉曲张、痔疮、便秘等接踵而至，烦扰着准妈妈。

同时，长大的胎儿压迫准妈妈的膀胱，会使准妈妈的排尿更频繁。

特别提示

学习拉梅兹分娩法，树立自然分娩的信心

拉梅兹分娩法，也被称为心理预防式的分娩准备法。这种分娩方法，从怀孕7个月开始一直到分娩前持续练习，通过对神经肌肉控制、产前体操及呼吸技巧训练，让产妇在分娩时将注意力集中在对自己的呼吸控制上，从而转移疼痛，适度放松肌肉，在产痛和分娩过程中保持镇定，达到加快产程并让婴儿顺利出生的目的。

拉梅兹呼吸减痛分娩法的训练从怀孕7个月开始为好，准妈妈一定要与准爸爸一起学习，每天一起在家里做练习，才能够保证在正式分娩的时候应用自如。若不勤于练习，当真正的宫缩到来时，则无法建立起正确的肌肉神经反射，达不到应有的效果。

（二）胎儿发育

孕28周末的胎儿身长约35厘米，体重约1000克，为有生机儿（出生可以成活），皮下脂肪沉淀不多，全身布满胎毛，指甲近指端，已有呼吸运动，生后能啼哭。

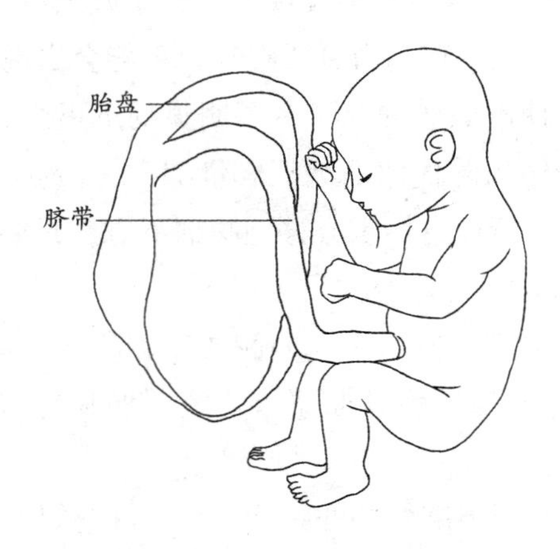

孕7月的胎儿发育

此阶段，胎宝宝的眼睛已经能感觉到光线的强弱，身体的痛感也已经开始发育。大脑进入第二个脑发育高峰期，大脑细胞数量增殖速度开始逐渐放缓，大脑进入脑功能的快速发育阶段，大脑皮层表面开始出现特有的沟回，这些沟回可以存储一些记忆了，同时，脑组织在快速地增长。

传统孕育拾贝

孕7月养胎

《逐月养胎法》："妊娠七月，劳身摇肢，无使定止，动作屈伸以运血气。居处必燥，饮食避寒，常食稻粳，以密腠理，是谓养骨而坚齿。……七月之时，儿皮毛已成，无大言，无号哭，无薄衣，无洗浴，无寒饮。"

孕7月是胎宝宝胎动最为频繁的阶段，他的骨骼与肌肉能够与大脑进行很好的协同，这时的准妈妈可进行一定的家务劳动和适当的体育锻炼，除了让自己的身体气血通畅，也能够让胎宝宝的身体与骨骼得以强健，可以为自然分娩做好充分的体能准备。这个阶段，准妈妈不宜吃太寒凉的食物，应以好的稻米为主食，以让胎儿的皮肤、骨骼、牙齿发育得更好。孕7月的胎宝宝皮肤已经发育完成。

第二节 孕中期保健指南

一、孕中期保健重点

一般情况下，孕中期的妊娠变化比较平稳，因此，孕中期的保健容易被忽视。

其实，孕中期是一个非常关键的承上启下的时期。比如，孕早期发现的问题要在这个时期进行密切观察与适当纠正，孕晚期并发症的预防也要从这个时期开始。孕中期的保健重点如下。

（一）每月一次定期产前检查

❶ 体重

从孕 20 周开始，每周体重增加控制在 500 克左右。

❷ 血压

孕妇正常血压不应超过 18.7/12kPa（140/90 毫米汞柱），超过者为病理性血压升高，应看内科医生，以明确诊断。

❸ 尿蛋白

每次产前检查都要检验尿常规，必要时做 24 小时尿蛋白定量检查。

（二）关注孕妇的健康状况

每次检查要做前后对照，关注是否有妊娠合并症及并发症，以便及时采取有效措施干预治疗。

❶ 孕中晚期常见并发症和合并症

孕中晚期常见并发症和合并症一览表

表现特征	提示疾病
孕妇体重和宫高增长过快	糖尿病
孕20周前出现高血压、水肿、尿蛋白	慢性肾炎
阴道排液	胎膜早破
腹痛、不规则宫缩	先兆早产
阴道出血	前置胎盘、胎盘早剥
日常体力活动即出现疲劳、心慌、气急	心脏病
上腹痛、肝功能异常、凝血功能障碍	肝炎、脂肪肝
心悸、多食、消瘦、畏热多汗	甲亢
孕20周后出现高血压、水肿、尿蛋白	妊娠期高血压
皮肤瘙痒、轻度黄疸	肝内胆汁瘀积症

❷ 孕中晚期危急征象

孕中晚期危急征象一览表

危急征象	提示疾病
胎动不正常或消失	胎儿窘迫
阴道大出血或伴急性失血性休克	前置胎盘、胎盘早剥
胸闷、气急、不能平卧、半夜到窗口透气	心力衰竭、呼吸衰竭
明显的消化道症状、黄疸急剧加深	急性肝衰竭
高血压伴头昏眼花	子痫前期
日常体力活动即出现疲劳、心慌、气急	心脏病
头痛、头晕、胸闷、视物不清，不明原因的恶心，右上腹疼痛，夜间咳嗽不能平卧	重度子痫前期

（三）监测胎儿的生长发育

既要防止胎儿生长发育迟缓，又要防止胎儿生长发育过快。

（四）必要的筛查

B 超进行胎儿大小、畸形筛查，实验室进行糖尿病、染色体筛查。

二、产前检查与常见疾病预防

（一）产前检查

❶ 检查项目

（1）一般检查。

包括问诊，称体重，量血压，听胎心音，测量宫高、腹围等。

（2）实验室检查。

唐氏综合征筛查，糖尿病筛查，乙型肝炎表面抗原检查。

（3）B超检查。

测量胎儿的头围、腹围、大腿骨长度，检查脊柱。

❷ 检查内容

孕中期常规检查一览表

次　数	孕　周	检查目的	检查项目与意义	检查方法
6	13～16周	第2次产检唐氏综合征筛查	一般检查，胎心音检查，唐氏综合征筛查，疑似可做羊膜穿刺查染色体	妇科门诊
7	17～20周	第3次产检	胎儿外观发育，仔细量胎儿的头围、腹围、大腿骨长度，检视脊柱是否有先天性异常，问胎动情况	超声波检查
8	21～24周	第4次产检	妊娠糖尿病筛查，发现妊娠糖尿病给予正规治疗	耐糖试验 实验室检查
9	25～28周	第5次产检	乙型肝炎抗原，梅毒血清试验，德国麻疹检测	实验室检查

特别提示

什么样的孕妇需要做唐氏综合征筛查

1. 年龄大于35岁。

2. 曾经有过异常孩子的分娩史，如生过一个脑积水的孩子。

3. 有不明原因的胚胎（胎儿）停止发育史。

4. 妊娠早期有以下情况：阴道出血、服药史（不知道这个药物的副作用）、接触过有害物质。

5. 有家族史：孕妇本身虽然没有既往的情况，但是确实有明确的家族史，第一次怀孕就应该做唐氏筛查。

孕中期B超检查的重要性

孕中期B超检查的目的主要是观察胎儿的发育。因为B超可以清晰地显示出胎儿的头颅、心、肝、脾、肺、肾、胃、膀胱等各器官和四肢骨骼的情况。通过测量所得的数据，估计胎儿的发育情况，确定胎位及胎盘位置，评价胎盘功能，选择分娩方式。此外，B超检查可以筛查胎儿畸形，对实施出生缺陷二级干预、降低出生缺陷发生率非常重要。

（二）常见疾病预防

❶ 便秘与痔疮

妊娠后由于肠蠕动减弱、全身运动量减少以及增大的子宫压迫直肠，孕妇很容易发生便秘，有的孕妇甚至数天不解大便，尤其是在孕末期便秘更为严重。便秘时，在肠管内积聚的代谢产物容易被人体再次吸收而导致中毒，这对准妈妈和胎儿都不利，要特别注意。

孕中期因腹压增加，日益膨大的子宫压迫盆腔，同时也压迫直肠静脉，使血液回流不畅，容易产生瘀血，形成痔疮，女性在妊娠期痔疮的患病率在70%左右。

特别提示

便秘是发生痔疮最主要的原因。

准妈妈预防便秘的方法：养成定时大便的良好习惯；注意调理好膳食，多吃粗粮和蔬菜；每天早晨空腹饮一杯温水；蜂蜜有润肠通便的作用，可调水冲服。

每天做提肛运动预防痔疮，并拢大腿，吸气时收缩肛门，呼气时放松肛门。如此反复，每日3次，每次30下，以增强骨盆底部的肌肉力量，预防和治疗痔疮。

❷ 下肢水肿

孕妇在孕中晚期很容易出现明显的下肢浮肿现象，这是由于怀孕后内分泌的改变，引起体内水钠潴留，妊娠子宫压迫盆腔到下肢的静脉，使下肢的血液回流受阻，导致下肢浮肿。

一般来说，如果水肿不超过踝关节以上，不需要特别处理，可以通过孕期运动，帮助缓解水肿情况的发生。如果水肿超过了踝关节以上，就要注意调节了。

提示与建议

缓解下肢水肿的方法

1. 孕妇要尽量避免长时间站立及蹲坐，睡眠时适当垫高下肢，采取左侧卧位。

2. 坐在沙发或椅子上时可把脚抬高休息，还可以转动踝关节和脚部，增加血液循环。

3. 把两手高举到头部，先弯曲再伸直每个手指，有助于减轻手指的肿胀。

4. 如果肿胀特别明显，腿部水肿超过膝盖，就需要去医院。

❸ 贫血

缺铁性贫血是孕期最常见的贫血，一般从怀孕5～6个月开始发生。缺铁大多发生于对铁的需求量增加而未能满足供应的特殊情况下，怀孕就是其中之一。到了孕晚期，血容量大约增加1300毫升，血液被稀释，红细胞数和血色素相对减少，因此，孕期血红蛋白低于100克/升可以诊断为贫血。

❹ 妊娠高血压

妊娠高血压是产科常见疾病，又因常合并产科出血、感染、抽搐等，是孕产妇及围生儿死亡的主要原因。目前按国际有关分类，妊娠期高血压疾病包括：妊娠期高血压、先兆子痫、子痫、原发高血压并妊娠及因肾病或肾上腺疾病等继发高血压并妊娠等。我国过去将先兆子痫、子痫统称为妊娠高血压综合征（简称妊高征）。一般在妊娠20周以后出现。

提示与建议

贫血对孕妇和胎儿来说威胁尤其巨大，严重的贫血可能导致胎儿缺氧，引起胎儿宫内发育迟缓、早产甚至死胎。所以，孕期贫血问题需要引起每一位准妈妈的特别注意和预防。这一阶段的准妈妈需要更多的热量、蛋白质、矿物质、维生素等营养物质，以满足胎儿生长发育的需要。为预防贫血，建议准妈妈除多食用新鲜瘦肉、蛋、奶、鱼、动物肝脏及蔬菜水果外，还应每日适当补充铁剂和叶酸。

提示与建议

警惕妊娠高血压

年龄≤20岁或>35岁的初孕妇，家族中有高血压病史者，有原发高血压、肾炎、糖尿病等病史者，体型矮胖或营养不良、贫血、低蛋白血症者，精神过分紧张或工作强度大者，羊水过多、双胎、巨大儿者容易罹患妊娠高血压。

孕20周是监测血压的关键期，如果在孕20周前，准妈妈出现高血压，多考虑是原发性高血压；如果孕20周以前血压正常，孕20周以后出现高血压，就要警惕是否并发了妊娠高血压，也就是妊高征。所以，建议准妈妈每次孕期检查都要重视血压的测量。

三、膳食起居

（一）营养指导

❶ 膳食原则

从孕中期开始直至分娩，胎儿进入快速生长发育期。与胎儿的生长发育相适应，母体子宫、乳腺等生殖器官也逐渐发育。此外，母体还需要为产后泌乳开始储备能量以及营养素。因此，孕妇在孕中期、孕晚期均需要增加食物量，以满足明显增加的能量和营养素需要。

这个阶段的膳食应该遵照《中国居民膳食指南2007》中“孕中期、孕晚期妇女膳食指南”来安排。

（1）适当增加禽、蛋、瘦肉及海产品的摄入。

（2）适当增加奶类的摄入。

（3）常吃含铁丰富的食物。

（4）适当进行身体活动，维持体重的适宜增长。

（5）戒烟、禁酒，少吃刺激性食物。

❷ 一日食谱举例

食谱一

早餐：甜牛奶（牛奶250克、白糖10克），豆沙包（标准粉50克、红豆馅10克），新鲜小菜一碟。

加餐：酸奶150克，全麦饼干25克。

午餐：米饭（米150克），猪肝炒菠菜（猪肝70克、菠菜100克），西红柿蛋花汤（西红柿100克、鸡蛋25克）。

加餐：牛奶250克，豌豆黄50克。

晚餐：花卷（标准粉100克、油3克），小米粥（小米50克），排骨炖海带（排骨100克、干海带50克），鲫鱼汤（鲫鱼50克、芫荽10克）。

加餐：橘子或芦柑100克。

全日烹调用油28克。

食谱二

早餐：牛奶麦片（牛奶250毫升、麦片25克），煮鸡蛋一个（鸡蛋50克），主食面包（面粉50克），新鲜小菜一碟。

加餐：红枣银耳汤（红枣25克、银耳25克），苏打饼干25克。

午餐：米饭（大米100克），玉米面粥（玉米面50克），红烧小排骨炖海带（排骨100克、海带25克），豆腐干炒芹菜（豆腐干50克、芹菜200克）。

加餐：番茄150克（洗净生吃），核桃3个。

晚餐：米饭（大米100克），清蒸鱼（鱼150克），蘑菇炒青菜（蘑菇50克、青菜200克），豌豆苗汤（豌豆苗50克）。

加餐：苹果150克。

全天烹调用油25克，食糖20克，食盐5克，调味品适量。

食谱中的米、面主食类，蔬菜类，鱼和肉类等可等份调换。

③ 孕期体重增加标准

根据美国国家医学院（IOM）2009年的建议，怀孕期体重增加数应参考孕前的体质指数（BMI）来确定，即BMI＝体重（千克）÷身高（米）^{2}。

孕期体重增加数值表

孕前体质指数（BMI）	孕期建议增加体重（千克）
＜18.5	12.5～18
18.5～24.9	11.5～16
25～29.9	7～11.5
≥30	5～9

（二）日常起居

❶ 衣着

随着胎儿的逐渐增大，这个阶段孕妇的衣着也要随时更换。穿得太紧孕妈妈会十分不舒服，还会勒到胎儿，影响到胎儿的生长发育。

在季节交替、气候反复无常时，准妈妈要特别注意衣着的保暖，否则易患感冒。

孕妇不要束胸，可戴稍微宽松一些的胸罩，将乳房轻轻托起，如果胎儿过大或腹壁过松，形成“悬垂腹”，可以请教医生以决定是否使用腹带。

孕妇着装需得体，而不是凑合。合适的孕妇装可以让准妈妈的孕期心情更舒畅。

❷ 睡眠

这个阶段准妈妈的睡眠不是很好，会觉得心神不安，经常做一些记忆清晰的噩梦，这是准妈妈潜意识中对分娩的畏惧心理或为即将承担的母亲的责任感到忧虑的反应，大可不必放在心上，应尽快调节自己，保证睡眠。准妈妈每晚的睡眠时间不应少于 8 小时，中午最好也要保证 1 ～ 2 小时的睡眠。睡觉的姿势以左侧卧为主。

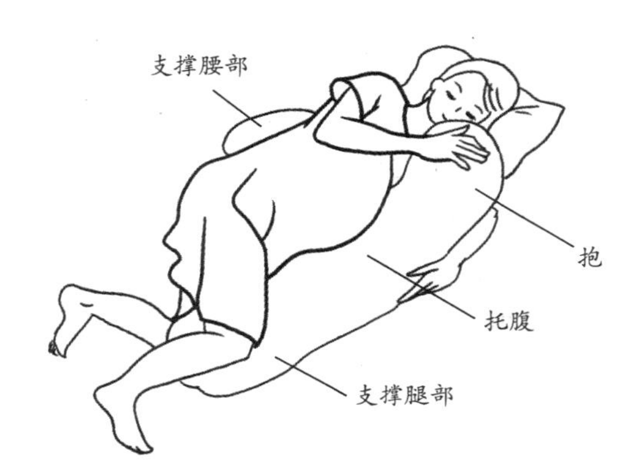

巧用枕头改善睡眠

提示与建议

舒适睡眠

进入孕中期后，准妈妈睡眠时就不宜仰卧，应采取侧卧位，以左侧卧为主。这样可以避免增大的子宫压迫位于脊柱前的下腔静脉和腹主动脉，有利于改善子宫胎盘的血流。

为了睡眠舒服，准妈妈可以尝试多用一些枕头。

"性"福宜小心

孕中期，胎盘逐渐形成并且稳固，妊娠进入稳定期；妊娠反应也不显著了，准妈妈的心情开始变得舒畅。由于激素的作用，准妈妈的性欲有所提高，加上胎盘和羊水的屏障作用，可缓冲外界的刺激，使胎儿得到有效的保护。因此，妊娠中期可以适度地进行性生活，每周 1 ～ 2 次为宜。但是，要注意性生活前后的卫生清洁工作一定要做好，避免准妈妈遭受病原微生物的侵袭，诱发宫内感染，危及胎儿健康。

❸ 运动

伴随孕周的增加，孕中期的妈妈已经没有了孕早期的不适感，身体处于一个比较舒适的状态。在这个阶段，准妈妈可以适当增加一些运动强度和种类，这一阶段集中的运动时间可以控制在 45 ～ 60 分钟，中间每隔 15 ～ 20 分钟应适当休息。在运动过程中建议增加一些如大腿、腰部和臂部等局部肌肉的耐力和力量练习，这样会让身体积蓄更多的能量，为分娩做好准备，也会更好地控制体重的增加，保证胎宝宝的体重在一个合理的范围，减少巨大儿的出生率和准妈妈的剖宫产率，这对怀孕的第三个阶段及产后恢复都是非常有帮助的。

而且，运动本身对于胎宝宝大脑的发育也有着良好的促进作用。孕期运动可以加强新陈代谢，血液含氧量高可以促使脑细胞发育更充分。另外，胎宝宝的前庭觉从孕早期开始发育，孕中期准妈妈运动还能促进胎儿前庭觉的发育，促使宝宝在孕中期即将结束时顺利头位入盆。

（1）运动建议。

准妈妈在孕期可选择的运动方式有很多，其中包括孕期健身操、孕期瑜伽、孕期舞蹈、孕期太极、户外散步、游泳等。在 2002 年美国妇产学院 ACOG 发表的《妊娠期和产后运动指南》中，也认可了妊娠期上述有氧运动的安全性。

（2）禁止在孕期进行运动的准妈妈。

孕期运动并不是所有的孕期女性都适合参与，在孕期出现的一些身体情

况一定要严格对待，以防发生危险，危及胎儿。如果在产检的过程中医生已经明确禁止运动，孕妇一定要听从医生的劝告，盲目进行孕期运动会给身体带来危害。具备以下医学指征的准妈妈禁止进行孕期运动：妊高征、心脏病、胎盘前置、胎儿过小、多胎妊娠、多次流产史。

（3）孕期运动中出现如下情况应停止练习。

① 阴道出血。

② 有液体流出。

③ 骨盆前下方疼痛。

④ 感到头晕，喘不上气。

⑤ 腹部剧痛。

⑥ 胸部痛，手臂麻木。

⑦ 很长时间感觉不到胎动。

⑧ 眼前有浮点或亮点。

⑨ 任何严重的突发性肿大。

⑩ 长时间严重头痛。

出现这些问题时要立即寻求医生的帮助。

（4）多做髋旋转及髋打开类运动。

这类运动一方面可以帮助准妈妈打开髋部，为宝宝腾出更大、更舒适的空间，同时也能加强准妈妈骨盆处的血液流通和新陈代谢；更重要的是，帮身体条件适合顺产的准妈妈充分打开骨盆，为顺产做好准备；骨盆底肌的练习能够缩短产程，降低侧切概率，使产后产道恢复得更快、更好。

髋旋转类的动作可以通过使用分娩球进行，这也是国外准妈妈最常用的一个孕期运动辅助工具。准妈妈坐在分娩球上用臀部带动球体顺时针或逆时针转动时，腹中的羊水会最大限度地晃动起来，这种晃动在皮肤表面产生的摩擦，对于正在发育触觉的胎宝宝而言非常有益，因为皮肤是我们最大的感觉系统，对皮肤的刺激就是在促进大脑的发育。当进入生产阶段时，在第一产程有条件的话准妈妈也可以进行此类运动，能帮助胎宝宝快速入盆，缩短产程。

提示与建议

孕中期是控制体重的关键期

孕中期的准妈妈在身体舒适度大大提升后，很有可能放开胃口，这就容易造成体重快速超标。这个阶段的准妈妈，每天都应该关注自己的体重增长状况，因为孕晚期将进入胎宝宝体重的快速生长期，准妈妈的体重每周增加0.4～0.5千克最合适。如果体重增加过快，一定要注意控制饮食，并且以清淡饮食为主，少吃高糖、高热量的食物，还要进行合理运动，把体内多余的热量消耗掉，才能够最终让自己和胎宝宝的体重在分娩之前保持在一个合理的状态，共同实现自然分娩的愿望。

这一阶段对体重的有效控制，还能减少妊娠纹的发生。因为孕中期宝宝生长过快，而准妈妈腹部的肌肉弹性又不够好时，就非常容易造成肌肉纤维的断裂，形成妊娠纹。所以，建议准妈妈孕中期“迈开腿”吧，好处多多！

（三）心理调适

❶ 孕中期心理变化特点

随着早孕反应种种不适逐渐减轻和消失，孕妇的身体随之好转，胃口大增，情绪进入平稳阶段，经常会出现下列心理变化。

（1）放松。认为自己的身体很稳定，一般不会出什么问题，可以松一口气了。

（2）依赖。一直受到丈夫、家人的呵护，心理依赖性增强了，什么事都想让别人代办。

（3）懒惰。认为自己最好少活动，就连简单的家务活都不愿意插手了。

（4）担心。非常注意和关心与胎儿有关的事情，竭力避免胎儿受到危险，也非常担心胎儿发生畸形。

（5）恐惧。隐约产生对分娩的恐惧，虽然距分娩还有一段时间，但有些孕妇已开始感到有压力了，惧怕分娩疼痛以及担忧产后体形的恢复问题。

❷ 孕中期心理调适要点

（1）避免心理上过于放松，要定期到医院接受检查。

（2）学习一些分娩的知识，减轻对分娩的恐惧。
（3）不宜过分依赖家人，要正常上班，适当参与家务劳动。
（4）坚持运动，均衡饮食，控制体重的增速。

提示与建议

不要因为孕中期身体状况的稳定，导致精神上的松懈，要时时注意孕中期也可能会出现各种病理状况，如妊娠高血压综合征和贫血等。放松对身体状况的注意，很可能会导致不良后果。一定要按要求去医院进行孕检。

分娩是一种“痛并快乐着”的人生体验，不用过分恐惧，建议孕妇学习一些分娩的知识，了解分娩是怀孕的必然结局并坦然接受。要身体力行地做些对分娩有帮助的运动，正常上班，适当从事家务劳动，和家人一起为未出世的孩子准备一些必需品，保持愉悦的心情。这样做往往可以使孕妇从对分娩的恐惧变为急切的盼望。

第三节 胎教与准爸爸的责任

一、适合孕中期的胎教

孕 3 ～ 6 个月是胎宝宝大脑发育的第一高峰时期，在这个阶段，可以从胎宝宝刚刚开始发育的听觉入手，同时针对胎宝宝在孕早期就已经开始发育的前庭觉、触觉等多个方面进行多元化的胎教活动。

（一）音乐胎教

❶ 概念

音乐胎教是指通过聆听适合孕妇和胎儿的音乐，一方面调适母体的情绪，另一方面基于胎宝宝已经具备的听力，对胎儿大脑发育和智能发展有效促进的一种最为常用的胎教方法。

❷ 作用

心理学家认为，音乐能渗入人们的心灵，激发人的潜意识，并能唤起平时被抑制了的记忆。优美的胎教音乐能使孕妇心旷神怡，浮想联翩，有效改善不良情绪，产生良好的心境，并将这种信息传递给腹中的胎儿，使其深受感染。

悦耳怡人的音乐旋律对准妈妈的听觉系统产生刺激，从而引起大脑细胞的兴奋，改变下丘脑递质的释放，促使母体分泌出一些有益于健康的激素，如酶、乙酰胆碱等，使身体保持良好的状态，促进胎儿的健康成长。

4个月的胎宝宝听力逐渐发育完全，尤其是6个月后，胎儿的听力几乎和成人接近，此时音乐胎教可以直接刺激胎儿的听觉器官，通过传入神经传入大脑。大脑中的神经突触经过外在信息刺激，能够加速脑细胞之间的相互连接。

孕中期的胎宝宝已经开始具备记忆的能力，优美动听的胎教音乐能够给胎宝宝留下深刻的“记忆印痕”，出生后的宝宝在哭闹时，听到胎教音乐能够快速地安静下来或进入睡眠状态；而且进行过音乐胎教的宝宝对音乐的节奏和旋律都会非常敏感。

❸ 方法

（1）歌唱式音乐胎教。

这是准妈妈给胎宝宝的最简单的音乐胎教形式。一方面，母亲在自己的歌声中陶冶了性情，获得了良好的胎教心境；另一方面，母亲在唱歌时产生的物理振动，胎儿是能明确听到的，并能从中得到心理上的满足，这是任何形式的音乐都无法取代的。

（2）聆听式音乐胎教。

好音乐的聆听能够让准妈妈产生美好的情绪，因此准妈妈需要找到自己喜欢和适合的音乐。另外，孕中期的胎宝宝已经能够对妈妈经常听的音乐有记忆了，他喜欢听一些妈妈喜欢的音乐。

（3）吟诵式音乐胎教。

吟诵式音乐胎教是指准爸爸、准妈妈在音乐的伴奏下，有节律地朗诵文学作品，以此来刺激胎儿的听觉感知能力，能帮助胎宝宝更早地熟悉爸爸妈妈的语音和语调，较早地激发胎宝宝的语言反射区的发育。

（4）冥想式音乐胎教。

冥想式音乐胎教是一种将冥想与音乐有效结合的音乐胎教方式。通过音乐进行冥想的准妈妈，更容易进入情绪平和的状态，同时也更有利于帮助胎宝宝和准妈妈产生深层心灵交流的机会和共鸣。

（5）律动式音乐胎教。

准妈妈可以伴随着自己喜欢的音乐节奏，进行一些舒缓四肢动作的律动。在律动的过程中，准妈妈的身体节奏能够伴随音乐律动一起传递给胎儿，一方面可以增强胎宝宝对节奏的感知，另一方面也会让胎宝宝非常愉快且有安全感。

（6）抚摸式音乐胎教。

伴随着美妙的音乐，孕妈妈可以通过不同的抚摸方式来与胎宝宝进行互动。不仅可以让胎宝宝感受到妈妈对自己的爱与关注，更重要的是孕中晚期胎宝宝对方位和按压的感觉已经越来越熟悉了，胎宝宝可以跟妈妈有非常明确的反馈互动。

提示与建议

音乐选择

很多准妈妈在孕期喜欢听中国古典音乐，如《琵琶语》《欢沁》《绿野仙踪》《春江花月夜》等。另外也可以尝试古琴音乐，胎宝宝对这类音乐的喜好度有时候超出我们的想象。还可以听 New Age 乐派的音乐，如久石让、雅尼、恩雅的音乐作品，或者《神秘园》《班得瑞》《森林狂想曲》这些专辑中偏于沉静或轻灵的音乐，甚至包括一些瑜伽类的灵修音乐，也可以快速调整准妈妈的情绪进入一个平和、喜悦、安然的状态。如果喜欢欧洲古典音乐，可以选择一些巴洛克时期的音乐，巴赫、肖邦，还有莫扎特早期的音乐都可以，如《蓝色多瑙河》《勃拉姆斯摇篮曲》《莫扎特 40 号交响曲》《巴赫小步舞曲》等都不错。

音乐音量

环境音响以70分贝以内为宜（当音响声大得令你觉得吵，就不合适啦），准妈妈千万不要把音响源（耳机、MINI音箱等）贴在肚子上，至少离音响源1米以外，以免对胎宝宝的听力造成不可逆的损伤。不建议去KTV唱歌、去电影院看低音很重的大片，胎宝宝的耳朵会受不了。

胎教频率

音乐胎教并不是做得越多越好，也不是越频繁越好。每天1～2次，每次15～30分钟即可，坚持3～5周即可以与宝宝建立胎教的时间规律。由于每位准妈妈和胎宝宝都存在个体差异，千万不要以胎动的多少和有无来判断胎教的效果，准妈妈可根据自己与胎宝宝的精神状态来进行相应的调整。

（二）抚摸胎教

❶ 概念

孕妇本人或者丈夫用手在孕妇的腹壁轻轻地抚摸，给予胎宝宝触觉和方位上的刺激，以促进胎儿感觉神经及大脑的发育，称为抚摸胎教。

❷ 作用

（1）可以锻炼胎宝宝皮肤的触觉，并通过触觉神经感受体外的刺激，从而促进胎宝宝大脑细胞的发育，加快胎宝宝的智力发展。

（2）能激发起胎宝宝活动的积极性，促进运动神经的发育。经常受到抚摸的胎宝宝，对外界环境的反应也比较机敏，出生后翻身、抓握、爬行、坐立、行走等大运动发育都能明显提前。

（3）在进行抚摸胎教的过程中，不仅能让胎宝宝感受到父母的关爱，还能使准妈妈身心放松、精神愉快，有利于顺利分娩。

❸ 方法

准妈妈平躺在床上或是用舒服的姿势坐在沙发上，全身放松，一边呼唤胎宝宝的名字和他聊天，一边轻轻地来回抚摸、按压、拍打腹部，同时也可以用手轻轻地推动胎宝宝，让胎宝宝在宫内“散散步、做做操”。如果每天进行，坚持3～5周，胎宝宝即可明确地和父母进行互动。

抚摸胎教的过程中要保持心情的愉悦和平和，动作轻柔舒缓，可以在每晚临睡前进行，配合不同的音乐以不同的节奏进行抚摸，效果非常好，每次抚摸以 5 ～ 10 分钟为宜。刚开始还摸不出胎儿的身体局部，可以在胎儿出现动作时，及时予以回应。抚摸也可以与数胎动及语言胎教结合进行，这样既落实了围产期的保健，又使准父母及胎儿的生活妙趣横生。

如果准妈妈在孕中期已经开始抹防妊娠纹霜，那么把这件事情交给准爸爸吧，这也是进行抚摸胎教的好时光呢！

提示与建议

抚摸胎教的注意事项

1. 抚摸节奏与音乐结合效果会更好，能让胎宝宝更明确地感知节奏与韵律。

2. 手法可以多样化，动作要轻柔，不宜过度用力，可用双手手指配合轻柔抚摸。

3. 时间保持在 10 分钟以内为宜。如果胎宝宝表现出强烈不适，则应停止。

4. 临近预产期时，不宜再对胎宝宝进行抚摸，因为抚摸可能会引发子宫收缩甚至早产。

5. 如果准妈妈在孕中期或孕后期经常感觉肚皮间歇发紧或变硬，可能是不规则的子宫收缩，也不应再做抚摸胎教了，以免引起早产。

6. 抚摸胎教前尽量排空小便，调整情绪，在愉悦的氛围中进行。

（三）运动胎教

❶ 概念

运动胎教是指准妈妈适时、适当地进行体育锻炼，在为自己的身体提升体质体能的同时还能够帮助胎宝宝在宫内活动。通过活动，胎宝宝可以更好地让四肢与大脑进行协调，促进大脑发育，在强健筋骨和肌肉的过程中更好地健康发育。

❷ 作用

准妈妈做运动时，体内会产生大量的气体交换，能向大脑提供充足的氧气和营养，通过胎盘进入胎宝宝体内，胎宝宝也可以享受到更多新鲜氧气，对胎儿大脑发育的促进效果很好。具体说，有以下几方面。

（1）不同的运动体位使胎儿相对位置改变及子宫内羊水晃动，不仅会持续刺激皮肤触觉，还能很好地训练胎儿的平衡觉，有利于让胎儿形成顺利分娩的姿势。

（2）促进准妈妈和胎宝宝的血液循环。除准妈妈精神状态更好外，还能够增加胎盘供血，使胎宝宝身体有力，为分娩时与妈妈更快见面做好充分准备。

（3）增强准妈妈的腹肌、腰背肌和盆底肌的张力和弹性，使其关节、韧带松弛柔软，有利于准妈妈的正常妊娠及顺利分娩。

（4）控制孕期体重的增加，让肌肉纤维更有弹性，不仅可以预防妊娠纹的发生，还能很好地促进产后体形恢复。

（5）解除准妈妈的疲劳和不适，使其心情舒畅。

❸ 方法

孕期运动是一种科学有益的孕期生活方式，因为它对胎宝宝智能、体能的发育都有非常好的促进作用，因此也被称为胎教的一种。孕期运动的形式丰富多样，只要是合适的孕期运动方法，都能够对准妈妈和胎宝宝达到很好的效果。在孕期可选择的运动方式有很多，其中包括孕期健身操、孕期瑜伽、孕期舞蹈、孕期太极、户外散步、游泳等。

如今，不仅是美国妇产学院 ACOG 以及加拿大的妇产学会，在日本和我国台湾地区的妊娠期运动的专业指导文献中也都建议准妈妈在孕期适量运动，对于缓解孕中期和孕晚期的腰背疼痛以及妊娠高血糖都有良好的缓解和控制效果，这个过程又是身心健康的良好调整过程。

提示与建议

1. 孕 12 周之后就可以开始运动，运动量要从小到大，循序渐进。

2. 根据自己的身体状态，请专业老师协助设计适合、适当、适量的孕期运动规划。

3. 由于孕期身体的特殊性，不要做对腰骶压力大、压迫腹部或拉伸腹部的动作。

4. 运动时以身体舒服和安全为要，保持呼吸顺畅，不屏气，以免造成胎宝宝缺氧。

5. 单次的运动时间不超过一个小时，运动中有不适感觉要立刻停止。

6. 有先兆流产史、早产史、前置胎盘以及多胎妊娠等，都应听从医嘱，少量运动或不运动。

7. 禁止练习对腹部造成挤压的运动，如折叠式的体位以及劈叉类动作，这样的动作会让腹内压增高，减少腹部的空间，从而危及胎儿，造成危险。

二、准爸爸的责任

进入孕中期，准妈妈的早孕反应虽然结束，但腹部逐渐增大，行动越来越不便。因此，在外出、旅游或逛商店时，准爸爸应该有意识地保护妻子，避免使准妈妈的腹部直接受到冲撞和挤压；上下台阶时，要多提醒她、搀扶她。此外，准爸爸还要尽量多地陪伴妻子，减少她独自活动的时间。

（一）孕中期准爸爸的十项任务

第一，每天早晨陪妻子到附近的公园或绿地广场散步，呼吸新鲜空气，督促妻子多晒太阳。

第二，和妻子一起阅读教育科学出版社出版的《婴幼儿成长指导丛书》，找些轻松的活动共同参与，丰富妻子的生活。

第三，协助妻子做好孕期的自我监护：量体重、数胎动。如果妻子是35岁以上的孕妇，或曾经有流产、死产史，应陪她到医院做羊水穿刺检查。

第四，保持居家环境的安静。让妻子远离强烈的噪声，督促妻子远离电磁污染，听音乐、看电视时要与音响、电视机保持一定的距离，以免造成胎宝宝的不安。

第五，挑选舒适的平跟鞋和漂亮的孕妇装送给妻子当礼物，让她感受到丈夫的爱。

第六，孕5个月后，如果妻子身体情况允许，准爸爸可以安排一次短期的旅行，缓解妻子的忧虑和不适。

第七，不要惹妻子生气。学会倾听和赞美，多听妻子的倾诉，经常赞美她，让妻子保持良好的情绪。

第八，陪妻子一起计划婴儿房的布置，挑选婴儿用品，让妻子感受到丈夫共同参与的欣慰。

第九，陪同妻子参加产前培训课程，了解有关分娩的正确知识，与妻子商量选定分娩医院。

第十，多与妻子谈心，交流彼此的感觉，帮妻子克服心理上的恐慌和无助；帮妻子按摩后背、肩、腿和脚，减轻她的不适。

（二）胎教中的准爸爸

在各种胎教活动中，准爸爸都可以唱主角。

❶ 陪伴妻子

支持并陪伴妻子每天的胎教活动，并与妻子一起为胎宝宝起个合适的小名。

❷ 给胎宝宝唱歌

学习几首胎教的歌曲，不要怕唱不好，要为爱而唱。如果准爸爸在孕期每天都能给胎宝宝唱歌，出生后的宝宝如果有哭闹的情况，爸爸的“神曲”一定可以让宝宝迅速安静。

❸ 给胎宝宝讲故事

学习讲几个小故事，并声情并茂地讲。要控制住语速，不要太快。每一两周讲一个，一个故事可以重复地讲，胎宝宝需要听到那个令他安全的声音。如果准爸爸能在讲故事的过程中模仿那些小动物的声音就更好啦。

❹ 与胎宝宝聊天

早晨起床要学会跟胎宝宝问好，晚上睡觉前要跟胎宝宝说晚安，甚至有时候自己工作中的一些琐事、有趣的笑话、一天中所见的事情都可以跟胎宝宝随便聊聊。

第四章
孕晚期

第一节　母体变化与胚胎发育

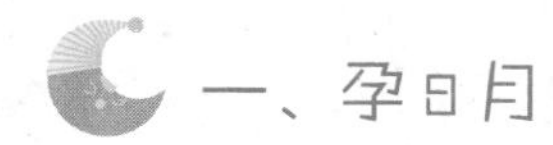

（一）母体变化

孕8个月的准妈妈肚子向前挺得更为明显，子宫底的高度已经上升到25～27厘米，准妈妈无论是站立还是走路，都不得不挺胸昂头，呈现出一副“矜持和骄傲”的姿态。身体越来越笨重，经常会给准妈妈带来诸多不舒服，如稍微多走点路，就会感到腰痛和足跟痛；经常出现便秘和胃灼热感；升到上腹的子宫顶压迫膈肌和胃，准妈妈因胃受到压迫饭量减少，胸口上不来气，甚至需要耸肩来协助呼吸。

乳房高高隆起，由于激素的作用，乳头周围、下腹、外阴部的颜色日渐加深，有的准妈妈的耳朵、额头或嘴周围也生出斑点。

特别提示

胎动减少

准妈妈会发现，现在胎儿动的次数比原来少了，动作也减弱了，再也不会像原来那样在准妈妈的肚子里翻筋斗了。别担心，只要还能感觉得到胎儿在蠕动，就说明他很好。这是因为胎儿的身体长大了许多，准妈妈子宫内的空间已经快被占满了，他的手脚动不开了。即使如此，胎儿还要继续长大，而且在出生前至少还要长1000克左右呢！

胎位异常

孕32周以后，由于胎儿生长快，羊水相对减少，胎儿的位置相对确定。在产前检查时，医生已经可以查清胎儿的位置，对胎位异常（如臀位、横

位）进行胎位纠正。

禁止同房

准妈妈产生的性兴奋和性高潮都会加剧子宫的收缩，可能造成早产。所以在这个阶段，任何会引起准妈妈性兴奋的行为都必须禁止，包括触摸乳房及外阴部等，一旦这些刺激引起子宫收缩，就会危及胎儿安全。

（二）胎儿发育

孕 8 月的胎宝宝身长大约为 42 厘米，胎重约 1700 克。此时胎儿生长迅速，皮肤深红，面部毳毛已开始脱落，胎体开始丰满，指甲部分超过指尖，身体比例与足月儿相仿。同时呼吸与吞咽动作已建立，能区分光亮与黑暗，也有睡眠与清醒的区别。

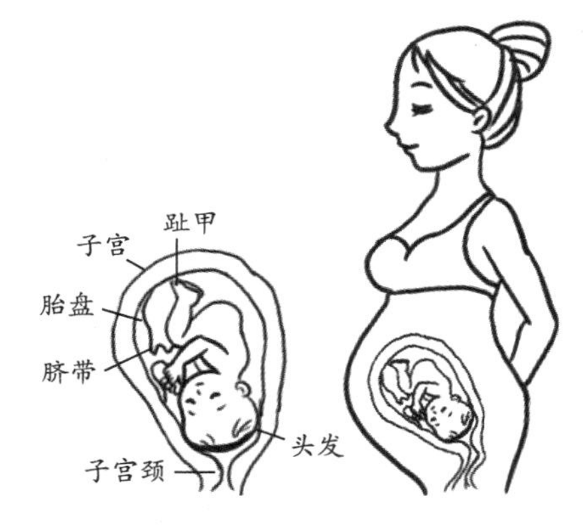

孕8月的胎儿发育

最重要的变化是，胎宝宝的头部逐步下降，进入骨盆。

胎宝宝 8 个月时，舌头中的味觉神经已较发达，味觉感受性增强，能够辨别苦和甜。他的脑功能越发完善，记忆力越来越好，可以分清爸爸妈妈的声音。而且，他已经会做梦了，同时，他也是个小小的表情帝，已经会做好多表情啦。

提示与建议

准备待产包

很多准妈妈需要到医院去等待分娩，在医院至少要待 3 天，虽然时间不算长，但所需的物品却不少。为了能从容地等待与宝宝的见面，建议准父母提前准备分娩所用的待产包，以下物品供参考。

待产包物品一览表

物品类别	物品名称	用　途
一般用品	手机/照相机/摄像机	记录宝宝的出生时刻
准妈妈专用	呼吸减痛分娩法的口令	练习呼吸减痛分娩法
	孕产育CD（书）	阵痛间隙听、看，分散注意力
	睡衣、外套、棉拖鞋、帽子、厚的袜子等	在分娩过程中穿用，保暖
	哺乳内衣、乳垫、靠垫2～3个	分娩后哺乳用
	纸内裤、大的卫生巾、卫生纸	方便处理恶露
	吸奶器	以备急需
	巧克力、功能性饮料	增加体能，备足产力
新生儿专用	婴儿的衣物，尿布、小毯子、包被、毛巾等	清洁、包裹新生儿

传统孕育拾贝

孕8月养胎

《逐月养胎法》："妊娠八月始受土，精以成肤革。和心静气，无使气极，是谓密腠理而光泽颜色。八月之时，儿九窍皆成。无食燥热，无辄失食，无忍大起。"

孕8个月时，胎宝宝的皮肤已经长得非常光滑，身体的皮下脂肪储存得越来越多，从之前皱巴巴的样子开始变得肉乎乎；他的两眼、两耳、两鼻孔、口、肛门、尿道都已经发育成熟。这一时期准妈妈的肚子越来越大，身体的不适感逐渐增多，所以更应注意休息，保持平心静气，不要过分劳累，情绪也不要大起大落。

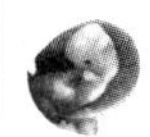

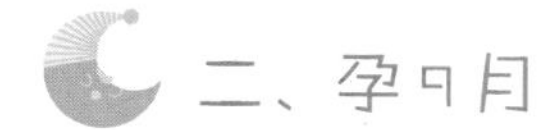

（一）母体变化

孕9月，准妈妈的腹部高度隆起，宫底从胸下二横指处上升到心窝下面一点，宫底高度为29.8～34.5厘米，挤压胃肠现象加重，且使膈肌上移，心脏向左上方移位。心脏和双肺受到挤压，加之血容量增加到最高峰，故心脏负荷加大，心跳、呼吸增快，气喘、胃胀、食欲不振、便秘，此时胎头开始逐渐下降入盆腔，挤压膀胱，引起尿频。

提示与建议

见红

妊娠期内，黏稠的、带有血迹的黏液栓子会堵塞子宫颈，在分娩开始前或进入分娩早期阶段时，栓子会从阴道清除出来，俗称“见红”。不到预产期的“见红”，准妈妈尽量在家卧床休息，除了上厕所不要乱动，卧床半个月就好了。如果腹部或背部出现有规律的疼痛时，应去医院。

假性宫缩

妊娠最后三个月，子宫出现间歇性收缩，医学上称为“假阵缩”。这种宫缩有时变得较强烈，所以准妈妈可能误认为已进入临产。但是，真正的分娩宫缩很规律，并且逐渐增强，也更加频繁，所以应该能够加以辨别。偶尔出现几次宫缩，随后又消逝，准妈妈不要紧张，可以照常活动。

宫缩

宫缩开始时好像是钝性背痛或者刺痛，向下放射到大腿。随着时间的推移，宫缩痛可能发生在腹部，准妈妈感受到剧烈的周期性疼痛。当宫缩已经规律时就记录其时间，确认为临产，可去医院。

羊膜破裂

如果出现羊膜破裂，即使准妈妈没有出现宫缩也要立即去医院，因为羊膜破裂后胎儿有感染的危险。

（二）胎儿发育

孕9月末，胎宝宝的身长达到45厘米上下，重约2500克。随着皮下脂肪的沉积，外形逐渐丰满，胎毛明显减少，除了肺脏以外，其他脏器功能已发育成熟，胎儿体重迅速增加，皮下脂肪较多，面部皱褶消失，90%乳晕隆起，出生后能啼哭和吸吮。

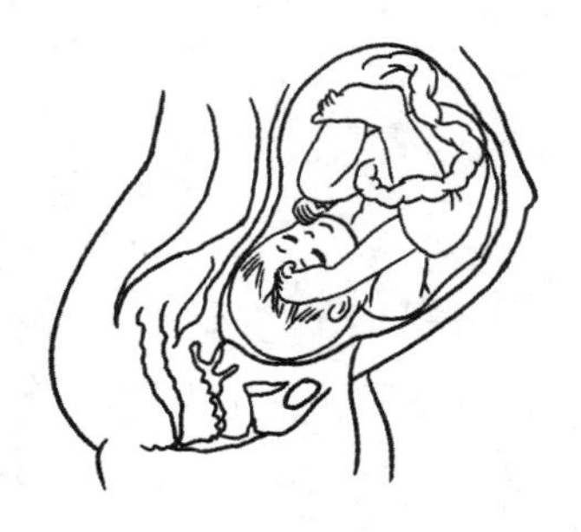

孕9月的胎儿发育

提示与建议

确定分娩医院

如何选择产科医院是很多临近分娩的准妈妈的疑问。一般来说，产前检查和分娩最好选择同一家医院，一旦在分娩时发生什么情况，医生能够很从容地做出处理。如有特殊情况，不能去产前检查的医院分娩，建议选择分娩医院要从以下几方面考虑。

一是选择服务质量好、技术水平高的医院产科分娩。

二是医院住院条件好，提供配餐、陪产、产后护理等服务，剖宫产率低、有新生儿科、收费公平合理、社会口碑好的医院。

三是个别准妈妈需要隔离待产，可以根据自身的身体状况选择消毒和隔离条件较好的传染病专科医院产科待产。

四是选择民营、外资医院。在经济条件允许的情况下，可以选择离家近且服务项目齐全的民营或外资妇产医院。

传统孕育拾贝

孕9月养胎

《逐月养胎法》："妊娠九月始受石，精以成皮毛，六腑百节莫不毕备。饮醴食甘，缓带自持而待之，是谓养毛发、致才力。九月之时，儿脉续缕皆成。无处湿冷，无着炙衣。"

孕9月的胎宝宝，五脏六腑、四肢及筋骨都已经长得差不多了，所以此时的准妈妈要吃得好一点，为将要到来的分娩积蓄体力体能。这个阶段，准妈妈不要在湿冷的地方居住，不要穿过多的衣服，以舒适宽松为好。

三、孕10月

（一）母体变化

这个时期，母体的子宫底高度达到30～35.3厘米，随着胎儿的入盆，宫顶位置下移，对心脏、肺、胃的挤压减轻，准妈妈胃胀缓解，食欲增加，但对直肠和膀胱的压迫加重，尿频、便秘、腰腿痛等症状更明显，阴道分泌物增多，有利于润滑产道。因胎儿大，羊水相对变少，准妈妈的腹壁紧绷而发硬，开始出现无规律的宫缩。

提示与建议

放松心情

随着胎宝宝的长大，羊水相对变少，准妈妈的腹壁紧绷而发硬。有些准妈妈还会感到无规律的宫缩，那是淘气的胎宝宝在跟妈妈耍小把戏呢。

随着体重的增加，准妈妈的行动越来越不方便，有的准妈妈甚至会时时有宝宝要出来的感觉，这些都很正常，不用过于担心。子宫收缩渐渐频密，原来清澈透明的羊水变得浑浊，同时胎盘功能也开始退化。在这几周，准妈妈多会感觉紧张，心情烦躁焦急，所以，建议准爸爸一定要陪妻子多谈些轻松的话题。

（二）胎儿发育

孕10月，胎儿身长约50厘米，重约3000克。胎儿身体各部分器官已发育完成，其中肺是最后一个成熟的器官，在宝宝出生后几个小时才能建立起正常的呼吸模式。

男性胎儿睾丸下降，女性胎儿大、小阴唇发育良好。出生后的宝宝哭声响亮，吸吮能力强，

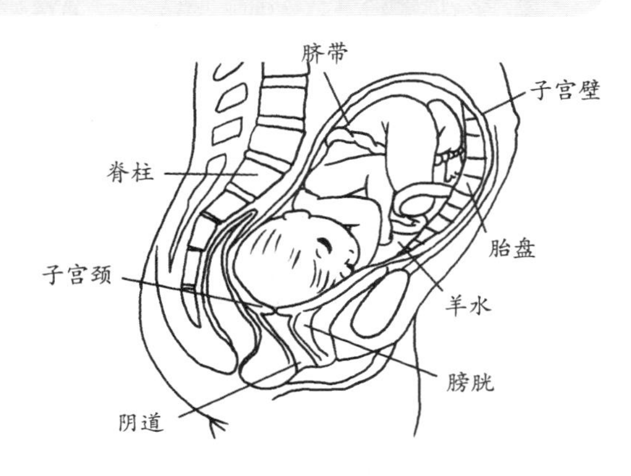

孕10月的胎儿发育

这都跟他在孕中期就开始在妈妈的子宫里练习吸吮手指的经验密切相关呢。

提示与建议

做好分娩准备

1. 注意个人卫生。准妈妈每日注意用温开水洗外阴、大腿内侧；每日早、晚用温水擦乳头，使局部皮肤弹性增加，为哺乳做好准备；临近分娩时要好好洗个澡，以保持身体的清洁。

2. 保证足够营养。临产前应想办法让准妈妈多吃些营养丰富又易于消化的食物；在饮食上应少吃多餐，优质蛋白质要足量，才能让准妈妈为分娩积蓄体力。

3. 睡眠要充足。分娩时体力消耗很大，因此分娩前必须保持充足的睡眠。晚上睡眠应在 7 小时以上，午睡也要保证 1 个小时。

4. 不宜长期外出。接近预产期的准妈妈应尽量不外出和旅行，准爸爸也应减少外出的时间，在家陪准妈妈一起面对临产和分娩；如果准妈妈必须外出的话，要有人陪伴；万不得已独自外出时，需告知家人，以防突然临产。

5. 坚持日常锻炼。为了分娩的顺利，临产前准妈妈不要整天卧床休息，轻微的、力所能及的运动和锻炼还是有好处的。在运动和锻炼时，一要练习并熟练掌握分娩的辅助动作，二要练习呼吸技巧，为顺利分娩做准备。

6. 消除恐惧心理。准妈妈要精神饱满、情绪稳定地去迎接分娩，做到不害怕、不紧张，顺其自然。临产前不听刺激性强的新闻报道、小说连播，不看惊险电视连续剧和电影，始终让自己的心情保持在一个平静、祥和、无忧无虑的状态。

传统孕育拾贝

孕10月养胎

《逐月养胎法》：“妊娠十月，五脏俱备，六腑齐通，纳天地气于丹田，故使关节入神皆备，但俟时而生。”

孕 10 月，胎宝宝除了肺部需要在出生后的几小时内完善功能外，其他器官都已发育完全，只等待时机降生到这个世界了。

第二节 孕晚期保健指南

一、孕晚期保健重点

（一）定期做产前检查

孕 28 ～ 36 周每两周检查一次，孕 36 周以后每周检查一次。

进入孕晚期，准妈妈的身体负担持续加重，是容易出现产科并发症的阶段，也是各系统原有的疾病容易加重的阶段，通过定期产前检查可以早发现、早处理。每次检查要特别注意体重和血压的变化，若发现胎位不正，应及时进行矫正。

（二）孕妇自我监护

按照医生的要求，以监测胎动为主，主动做好自我监护。

（三）接受母乳喂养教育

通过学习，知晓母乳喂养的好处，掌握母乳喂养的技巧，树立母乳喂养的信心，做好母乳喂养的准备，坚持做到纯母乳喂养 4 ～ 6 个月。

二、孕晚期检查与常见并发症防治

（一）孕晚期检查

❶ 检查项目

包括测量血压、体重、宫底高度、腹围、胎心率；检验血常规、尿常规；评估胎儿发育等。

❷ 检查内容

孕晚期常规检查一览表

次 数	孕 周	检查目的	检查项目与意义	检查方法
10	29～32周	第6次产检	检查有无下肢水肿、子痫前症的发生，预防早产	产科门诊
11	33～35周	第7次产检 评估胎儿体重	预估胎儿至足月生产时的重量	超声波
12	36周	第8次产检 为生产做准备	血清或绒毛膜采样，可以对多种遗传病进行筛查	实验室检查
13	37周	第9次产检 注意胎动	预防胎儿提前出生	产科门诊
14	38～42周	第10次产检 准备生产	此次检查两周后仍没有生产迹象，就应考虑让医师使用催产素	产科门诊

提示与建议

孕晚期检查不要掉以轻心

孕晚期，准妈妈与腹中的胎儿在不断变化，许多变化准妈妈本人不一定能体会到，只有通过检查才能发现。

1. 血压、尿蛋白的情况。如果血压升高或尿中出现蛋白就需要治疗，千万不要掉以轻心。

2. 胎心检查。正常的胎心率为 120 ～ 160 次 / 分，还要注意胎心的强弱、是否规律。

3. 四段触诊。目的是了解子宫底的高度、胎儿在宫内的姿势、胎儿的位置，特别要注意胎儿的头在哪儿，也就是说是臀位还是头位，还要估计胎儿的大小，为确定分娩方式提供依据。

4. 超声波检查。包括胎儿的双顶径大小、胎盘功能分级、羊水量等，以评估胎儿的体重及发育状况，并预估胎儿至足月生产时的重量。一旦发现胎儿体重不足，准妈妈就应多补充一些营养物质。

5. 其他方面的检查。双下肢是否有浮肿，重复必要的化验检查，根据情况决定是否需要做胎心监护。医生综合全面情况提出初步的分娩意见与入院分娩时机。

为了小宝宝的顺利降生，为了母婴健康，准妈妈一定要重视孕晚期检查！

（二）孕晚期常见并发症防治

❶ 胎膜早破

胎膜在临产前破裂称胎膜早破，发生率占分娩总数的6%～12%。胎膜早破常致早产、围产儿死亡，宫内及产后感染率升高。

胎膜早破的原因有：生殖道炎症、胎位不正、多胎、羊水过多、妊娠晚期不当的性生活等。

胎膜早破给准妈妈增添了精神上的负担和心理上的压力，并可增加宫内感染及产褥感染的概率，严重者可出现败血症，甚至危及生命。胎膜早破可诱使早产，使胎儿肺部感染、胎儿窘迫的发生率都明显增加。

提示与建议

预防胎膜早破的发生

1. 坚持定期做产前检查，有特殊情况随时去医院做检查。
2. 孕晚期避免进行剧烈活动。适当散步，生活和工作都不宜过于劳累，每天保持愉快的心情。
3. 不宜走远路或跑步，走路、上下楼梯时要当心，以免摔倒。切勿提重东西以及长时间在路途颠簸，避免负重及腹部受撞击。
4. 孕期控制性生活，特别是进入孕晚期后。孕期最后1个月禁止性生活，以免刺激子宫造成胎膜早破。
5. 积极预防和治疗下生殖道感染，重视孕期卫生。

❷ 产前出血

产前出血是指怀孕28周后、临产前发生的阴道出血。

产前出血最常见的原因是胎盘早期剥离和前置胎盘。其次是孕妇受到创伤、催产过度、难产、子宫接受过手术、多胞胎、羊水过多、胎位不正等；孕妇本身出现阴道疾患，如阴道外伤、静脉曲张破裂；胎盘及子宫出现异常的情况，如子宫破裂、子宫颈糜烂或肿瘤；患血液病等。

前置胎盘是妊娠晚期产前出血的主要原因之一。前置胎盘常见于多次流产、子宫内膜炎症或萎缩性病变的孕妇，其出血是不痛的，孕妇往往没有什么感觉或仅有轻度的腰酸或下坠感。阴道出血可反复、多次、少量，使孕妇发生严重贫血，也可一次性大出血，使孕妇陷入休克，处理不及时会威胁孕妇及胎儿的生命安全。

三、膳食起居

（一）营养指导

❶ 膳食原则

（1）保证适宜的体重增长，每天比孕前增加200千卡的能量、20克的蛋白质。

（2）补充长链多不饱和脂肪酸，多吃海鱼、鱼油、蛋黄、核桃、花生及亚麻籽油等，以保证胎儿脑细胞的发育。

（3）每天补充钙1200毫克，不超过2000毫克，多吃奶制品、豆类、黑芝麻及海鱼、海虾、海带、紫菜等。

特别提示

妊娠晚期出现阴道流血，不管是什么原因引起的，无论腹痛与否，都是不良现象。如果不及时就医，任其继续发展，后果将十分严重！因此，当发现妊娠晚期阴道流血时，应给予高度重视，立即去医院；千万不可掉以轻心，以免追悔莫及！

（4）每天补充铁35毫克、锌16.5毫克、碘200微克。

（5）少量多餐，注意品种多样化。

（6）适当饮水，每天不少于1200毫升。

（7）控制食盐的摄入量，每天6克以内。

❷ 一日食谱举例

食谱一

早餐：甜牛奶（牛奶250克、白糖10克），麻酱烧饼（标准粉100克、芝麻酱10克）。

加餐：鸡蛋羹（鸡蛋50克）。

午餐：米饭（大米150克），肉末雪里蕻（瘦猪肉75克、雪里蕻100克），素炒油菜薹（油菜薹150克），鱼汤（鲫鱼50克、香菜10克）。

加餐：牛奶250克，白糖10克。

晚餐：米饭（大米150克），炒鳝鱼丝（黄鳝100克、柿子椒50克），素炒菜花（绿菜花150克），虾皮紫菜汤（紫菜10克、虾皮10克）。

加餐：橘子100克。

全日用油25克。

食谱二

早餐：花卷2个（面粉100克），鲜牛奶250毫升，煮鸡蛋1个（50克）。

加餐：香蕉1根（200克）。

午餐：大米饭（粳米125克），排骨炖海带（猪小排110克、海带50克），炒虾皮油菜（油菜150克、虾皮10克）。

加餐：草莓150克。

晚餐：米饭（粳米125克），西芹百合（西芹150克、百合25克），白灼虾（海虾150克）。

加餐：酸奶250毫升，苏打饼干4片（25克）。

提示与建议

每日进行体重监测

建议准妈妈自备一个体重秤，每日晨起排空大小便，穿同样的衣服测体重。这样可以使其他因素如进食、喝水、不同的衣着、不同的秤引起的误差降到最小，能够比较准确地测出体重的变化。一天当中体重也会有变化，下午比早上重，因此以晨起空腹体重为准。根据对体重的监测，准妈妈能够时时提醒自己关注饮食和运动状态。

（二）日常起居

1 衣着

准妈妈为自己选择适合妊娠后期特殊需要的着装很重要。

鞋：孕晚期，准妈妈足、踝、小腿等处的韧带松弛，足、踝等部位会出现水肿，身体越来越笨重。应当选购鞋跟较低、穿着舒服、稍大一点儿的便鞋或平跟鞋，以保持身体平衡，鞋底要能防滑。

内衣：应当选择大小合适的纯棉质的支撑式的乳罩。妊娠期乳房变化很大，婴儿出生或断奶后，乳房还容易下垂，需要能起支托作用的乳罩，背带要宽一点儿，乳罩窝要深一些。先买两副即可，然后可以根据乳房的变化情况再买合适的，同时可以备几个夜用乳罩。

内裤：宜选择上口较低的迷你型内裤或者上口高的大内裤。内裤前面一般要有弹性纤维制成的饰料，有一定的伸缩性，以满足腹部不断变大的需要。不宜再选用三角形、有松紧带的紧身内裤。

弹力袜：弹力袜能协助消除疲劳、腿痒等症状，防止脚踝肿胀和静脉曲张，尤其对于孕期需要坚持上班的准妈妈，效果更明显。

2 睡眠

妊娠晚期的疲劳和睡眠障碍与产程长度和分娩类型有着密切的关系。

美国研究结果显示，夜间睡眠少于 6 小时的孕妇产程较长，且剖宫产概率为睡眠正常产妇的 4.5 倍。睡眠严重障碍的孕妇产程更长，剖宫产概率为睡眠正常产妇的 5.2 倍。因此，建议孕妇每天保证 8 小时的充足睡眠时间，并把睡眠时间和质量纳入产前评估，以此做产程长度和分娩类型的潜在性预测。

孕晚期的准妈妈睡眠质量还会因为子宫里的宝宝过大而受影响，可能会难以入眠或是感觉气息不顺畅，这时候可以适当调整睡姿。睡觉时，可采用半躺姿势，即将枕头垫高点（两个枕头），左侧卧，蜷起右腿，把两个枕头垫在右腿下，在后背再垫一个枕头。这样，喘气顺一些，睡眠也会好一些。

提示与建议

孕晚期充足睡眠

1. 制定规律的作息时间表，尽可能避免情绪紧张。禁止服用安眠药和含酒精的饮料，适当增加睡眠时间。

2. 睡前对肌肉进行按摩放松可以有效改善睡眠和减少孕晚期的身体不适。

3. 平衡饮食，在入睡前 2 ～ 3 小时之内不要吃得过饱，不吃辛辣、刺激食物。

4. 预防泌尿道感染、感冒及阴道念珠菌等疾病。生殖泌尿道的感染通常有身体抵抗力不足的原因，因此准妈妈必须坚持运动、增强体质。

5. 对于有睡眠障碍的准妈妈，丈夫应给予关爱，以改善其睡眠，保证准妈妈的健康和胎儿的正常发育。

3 运动

很多人认为，怀孕后期尤其是临近预产期的准妈妈就应该静养了，其实这并不是一个正确的认识。这一阶段，如果体重控制良好，仍然可以通过适时、适量的运动，帮助缓解在孕晚期大多数准妈妈都会遇到的四肢水肿、腰背疼痛以及睡眠不好等问题。这一阶段坚持运动，对即将面临的分娩有非常好的促进作用。

进入孕晚期后，准妈妈身体的变化更加明显，双脚变得沉重，肩背部、腰部疼痛出现。同时，由于肚子的增大，会压迫到横膈膜，准妈妈经常会感到胸闷、气短，腿部抽筋的问题也会增加。肚子的变大会影响到身体的重心，此时的运动，准妈妈要特别注意自己身体的耐受力，体能稍弱的准妈妈这个时候要降低动作的难度、运动频率，减少每次运动的时间，以更加安全地度过孕期。

即使之前就有良好的运动基础、在整个孕期中前段也都在持续运动的准妈妈，也要注意调整运动强度，毕竟身体不像前几个月时那么轻盈、舒适了。怀孕后期，准妈妈的身体负担会逐渐加重，如果这个时候仍然保持高强度的运动，会让身体更加疲劳，增加不适感。

提示与建议

散步是适合孕晚期的运动

散步也是有方法和标准的，否则无法达到运动效果。

这一阶段的散步速度最好控制在 4 ～ 6 千米 / 小时，每天一次，每次 40 ～ 60 分钟，步速和时间要循序渐进。散步可以促进小腿及脚的肌肉收缩，减轻下肢水肿，减少便秘发生；帮助消化、增进食欲，活动关节和肌肉，增加耐力，对分娩很有帮助。

散步可以促进血液循环，还可以帮助胎儿下降入盆，松弛骨盆韧带，为分娩做好准备。

散步要选择好天气、好环境，如在花园、树林、溪边。散步时，要有家人最好是丈夫陪伴。

孕晚期运动注意事项

这一时期，准妈妈的子宫上升到了横膈膜，这会让很多准妈妈感到呼吸困难、胃部不适、供氧不足，所以准妈妈平时活动一定要慢一点儿，一旦呼吸急促，应采用端正的姿势进行缓解，以避免压迫横膈膜，以下几点可供参考。

1. 改变姿势。一旦感觉喘不过气来，马上换个姿势，会使气息顺畅些。

2. 放慢动作。在做事或运动时，一旦发现上气不接下气，应立刻放慢动作。听从身体给出的信号，掌握好动作的节奏，直到呼吸顺畅为止。

3. 让肺部轻松。不要总在沙发上瘫软着，那样肺部不轻松。可在椅子上坐直、挺胸、肩膀向后，让肺部放松。

4. 不可懒惰。经常运动可以增加呼吸系统和循环系统的工作效率，要每天坚持做简单的运动。

5. 将腹式呼吸随时转换成胸式呼吸。在深度的腹式呼吸感觉困难时，试试利用呼吸运动来抬高胸廓，促进胸式呼吸。站起来，深吸一口气，两手臂先向外伸、再向上举，慢慢吐气，同时两手臂放回身体两侧，配合呼吸，头先向上抬、再向下看。

传统孕育拾贝

孕晚期运动

《产科心法》:“……行路不宜急，下步不宜重，勿攀高拾物，勿轻狂负重。”

（三）心理调适

❶ 孕晚期的心理特点

随着子宫一天天增大，准妈妈的行动不便、胃部不适、呼吸困难、腰腿疼痛等现象相继出现，加之分娩日期一天天临近，心理压力又开始加重。

（1）充满期待的心情。猜测宝宝是男是女、长得像谁，等等。

（2）对分娩既兴奋又恐惧。怀胎十月，就要见到自己的宝宝了，准妈妈会特别兴奋；临近预产期时，准妈妈会由于对分娩的恐惧而焦虑不安，甚至“谈生色变”。

（3）担心宝宝的发育是否正常、能不能顺利出生，等等。

（4）担心会突然分娩。于是稍有“风吹草动”就往医院赶，或坚持要提前住院。

❷ 孕晚期的心理调适要点

（1）了解分娩原理及有关科学知识。积极参加“孕妈妈学校”，了解分娩的全过程以及可能出现的情况，减轻心理压力，解除思想负担，消除对分娩的恐惧。

（2）不宜提早入院。准妈妈应稳定情绪，保持心绪的平和，安心等待分娩时刻的到来。如果医生没有建议提前住院，不要提前入院等待。

（3）做好分娩准备。分娩的准备包括孕后期的健康检查、心理上的准备和物质上的准备。一切准备的目的都是希望母婴平安，所以，准备的过程也是对准妈妈的安慰。如果准妈妈了解到家人及医生为自己做了大量的工作，并且对意外情况也有所考虑，这会使她感到踏实、放心，从而放松心情。

常言道“瓜熟蒂落”，妊娠与分娩也是同样的道理，分娩是妊娠生理过程的必然结果。因此，准妈妈要以轻松的、顺其自然的心理状态迎接分娩。

提示与建议

不惧怕产痛

作为一名女性，生孩子总归要经过这一次，这是必须正视的现实。分娩时的阵痛是自然现象，与受伤、疾病的疼痛有本质上的区别。人感受到痛是大脑皮层中枢神经的作用，如果自我感觉不安，中枢神经会有非常敏感的反应，痛感就会更强烈。

很多准妈妈一想到自己即将临产，心中就忐忑不安，充满恐惧。这都是因为准妈妈对于分娩的经过缺乏了解。生产疼痛是不可避免的，子宫的每一次收缩其实都是在将宝宝往子宫之外推送。如果准妈妈的心里没有其他负担，让肌肉和骨盆放松，就能帮助宝宝更快地顺利通过产道，生得自然也就快；如果准妈妈精神极度紧张、心理负担很重，肌肉就会绷得很紧，产道不容易撑开，分娩时不但疼痛会更厉害，而且还可能会造成难产、滞产，更严重的还会发生产后大出血的现象。

因此，准妈妈在分娩前精神状况的好坏与如何理解产痛有很大的关系。很多准妈妈在分娩的过程中感到剧痛从某种角度讲是由自身造成的。理性面对分娩的准妈妈们，可以做到不叫、不喊，平静地和宝宝在每一次宫缩时一起努力，这样就能更快地跟宝宝见面。

第三节 胎教与准爸爸的责任

一、适合孕晚期的胎教

（一）语言胎教

❶ 概念

孕妇或家人用文明、礼貌、富有感情的语言，有目的地对子宫中的胎儿讲话，给胎儿正在发育的主管语言能力的大脑新皮质层输入最初的语言印记，称为语言胎教。

❷ 作用

医学研究表明：父母经常与胎儿对话，能促进其出生以后的语言方面的良好发育。如果先天不给胎儿的大脑输入优良的信息，即使性能再好，也只会是一部没有储存软件的“电脑”。在对多例胎教宝宝的跟踪研究中发现，孕期一直听爸爸妈妈说话的宝宝，出生后几天就能准确辨别爸爸妈妈对自己的呼唤，当进入语言学习期时，宝宝的语言和表达能力都非常出色。

❸ 方法

语言胎教可以从胎宝宝 4 个月左右开始，一直持续到生产，而在临产前尤其重要。与胎宝宝的沟通交流能够在很大程度上缓解准妈妈的产前焦虑和恐惧，而获得胎宝宝的互动反馈可以让准妈妈在内心更坚定自然分娩的信心。

在这里，我们提供几种语言胎教的方式，供准父母们参考。

（1）聊天闲谈式。

这是母子共同体验生活节奏的一个方法。比如，早晨起来，准妈妈先对胎宝宝说一声“早上好”，告诉他（她）早晨已经到来了。打开窗帘，啊，太阳升起来了，阳光洒满大地，这时准妈妈可以告诉胎宝宝："今天是一个晴朗的好天气。"关于天气，可教的有很多，如阴天、下雨、下雪等。另外，外界气温的高低、风力的大小等都可以作为胎教的话题。

（2）认知学习式。

孕晚期的胎宝宝可接收的外界信息越来越多，准妈妈可把自己看到的、尝到的、闻到的、摸到的一切感觉都描述给胎宝宝。比如，准妈妈可以边做饭边说："宝宝，妈妈在用白白的大米、黄黄的小米做稀饭呢，锅已经沸腾了，稀饭真香啊！"这个过程中，并不需要去考虑他是否能听懂，重要的是把更多新鲜的语言和语音信息传达给胎宝宝正在发育的大脑。

（3）朗读吟诵式。

朗读和吟诵都是对文学艺术创造的"参与和展示"。吟诵诗词、散文的过程会使准妈妈产生一种崇高感、成就感和愉悦感，其中崇高感对一般准妈妈来说是难得的心理体验。在中国古典的养胎方法中，准妈妈吟诵可以"神驰八极，思接千载"，被誉为一种积极而别致的颐神养气、固本安胎的好方法。

无论是准爸爸还是准妈妈，都可以根据自己的生物钟或生活节奏对胎宝宝描述自己的生活，让胎宝宝在你的引领下感受你的世界，体会你的思想与行为，这有助于培养胎宝宝对父母亲的信赖感，为胎宝宝对外界的感受力和思考力打下坚实基础。

对胎宝宝进行语言胎教需要注意以下几点。

一要保持心情愉悦，营造一个安静舒适的环境。

二是在与胎宝宝交流的过程中，尽可能重复地讲一些容易理解的短句，多重复。

三是准爸爸给胎宝宝读儿童故事时语言要尽量拟人化、角色化。

四是可根据个人喜好进行语言胎教素材的选择，语言短小精练的中外诗词、散文为上。

五是朗诵诗词散文时发生适当的情感起伏对胎儿有益，但注意情绪不要过分激昂。

六是无论以怎样的方法与胎儿沟通，都要有饱满的情感，而非敷衍了事。

七是开始语言胎教的时候，最好先给宝宝起个小名。

提示与建议

准爸爸参与语言胎教的重要性

有研究表明，由于讲话中的中低频声波最容易透入子宫，所以胎儿对男性低频率的声音比对女性高频率的声音更为敏感。通过对接受语言胎教的宝宝的跟踪研究发现，胎儿非常喜欢准爸爸低沉、浑厚的声音，同时准爸爸的参与可使妻子和胎儿感到由衷地欣慰，并产生安全感。胎宝宝在享受妈妈温柔、甜美声音的同时，也很希望能听到爸爸低沉、浑厚的嗓音。

因此，建议准爸爸积极对胎宝宝进行语言胎教，每天给胎宝宝讲童话故事，唱儿歌。有的准爸爸可能工作比较忙，那么，可以在上班前、下班后，都和胎宝宝打个招呼。在空闲时间，也可以和胎宝宝讲一些有趣的事情。这样，不仅对胎宝宝的大脑的发育有很大的帮助，也为出生后爸爸与宝宝之间的亲子关系的建立奠定了良好的基础。

（二）艺术胎教

❶ 概念

艺术胎教是指准妈妈通过欣赏美、追求美、感受美来提高个人的美学修养，获得美的享受。同时，在艺术或美术作品制作的过程中，创作的专注度可以有效地缓解准妈妈的紧张或焦虑情绪。另外，准妈妈也可以通过色彩、视觉和手脑协调等刺激来间接促进胎宝宝的色彩、空间、想象等能力的发育。

❷ 作用

通过对形态多样的艺术作品的欣赏提升准妈妈的情趣，使准妈妈在艺术领域的学识、审美和情操等方面均能有更全面的发展。

准妈妈可以通过多元化的艺术创作形式来体验创作的成就感，丰富孕期生活，将整个孕期规划得幸福而有意义。创作过程能有效地转移准妈妈的紧张情绪，对准妈妈和胎儿的健康意义重大。

胎宝宝在妈妈子宫里的右脑发育极为活跃，艺术胎教能够给予右脑一些音乐胎教无法进行的刺激，如图形、色彩、空间、创作以及想象等。

准妈妈在艺术欣赏和创作的过程中，情绪平和而愉悦，这为胎宝宝的性格发展也构建了非常好的环境。出生后的宝宝大多情绪稳定，对色彩或线条敏感。在孕期特别爱制作手工的妈妈，其宝宝手部精细动作的发展也会更优秀。

❸ 方法

（1）制作孕期纪念。把孕期不同时间的照片、有特殊意义的礼物全都通过“孕期相册”的形式记录下来。在制作的过程中，准妈妈内心充满爱与期待，而且还是一个孕期生活的展示和纪念。

（2）欣赏艺术作品。包括书法、绘画、雕塑、布艺、陶艺、舞蹈、音乐等各种艺术形式。

（3）进行艺术创作。准妈妈通过进行一些艺术活动，如书法、绘画等，不仅会提高自己的文化素养，还可以给胎儿营造更为安宁与舒服的成长环境。

（4）游览大好河山。游览自然界的山川河流、田园风光。融入大自然，去聆听天籁之音，去品尝、记录大自然给予我们的一切。

提示与建议

带胎宝宝听天籁之声，欣赏艺术

1. 公园 / 郊外。自然环境中的花草树木有吸附噪声的能力，无论春夏秋冬，大城市里的公园都是很好的去处。花红柳绿的色彩感受、蓝天碧水的心旷神怡、莺歌燕舞的视听体验，即便是晚上，在天空晴好的时候，去郊外听蝉鸣、数星光，即兴吟诗作对或朗诵一首古词佳句也都无比惬意。

2. 博物馆 / 画展。博物馆总是给人一种安静且深沉的感受，数千年的尘封故事都在每一个展品中幽幽地散发着历史的光华。参观博物馆是很有意味的与时空交汇的经历，在那个过程中，我们对文化的景仰和对历史的感叹，是对心灵的洗礼和升华。而当代的画展无论是从展览陈设还是作品本身，都在潜移默化中提升我们的审美能力，创意无处不在地冲击着我们的视觉与想象，甚至突破了我们在现实中呆板的规则与预设，给我们内心以完全不同的享受与震撼。

3. 电影院／剧院。温情美好的电影以及话剧都可以考虑纳入艺术胎教的范畴之内。无论是电影或是话剧，在语言、灯光、舞美和音乐等方面都是一种综合性的欣赏，在情节上也能很大程度地激发准妈妈内心对真善美的感知，再深入地传递给胎宝宝。

传统孕育拾贝

古代胎教

《妇人大全良方·胎教门》："自妊娠之后，则须行坐端严，性情和悦，常处静室，多听美言，令人讲读诗书，陈礼说乐。耳不闻非言，目不观恶事，如此则生男女福寿敦厚，忠孝贤明。"

中国古代的胎教观是从女性成为准妈妈那一刻的言传身教开始。女性在怀孕之后，在言行举止方面更要严格规范，对于情绪的要求通常是中和宁静，这样孕育出的宝宝也是性情敦厚；同时多听美好的语言以及讲读诗书，就相当于现在的语言胎教；对于生活的环境也有诸多要求，远离非言恶事。这是准妈妈对自己整个孕期环境的一种要求，只有好的环境才有好的心境，而好的心境则是好身体的重要条件。

二、准爸爸的责任

进入孕晚期，准妈妈行动愈加不方便，睡眠质量不好，食欲会有所下降，缺乏耐心，心情容易变得急躁。准爸爸面对妻子的种种变化，更应该负起责任，加倍关爱妻子，帮助妻子做好分娩准备。

（一）第 8 个月的责任

孕 8 个月时，准妈妈会感到很疲劳，行动愈加不方便，睡眠质量不好，心情容易变得急躁。面对妻子的种种变化，准爸爸应该怎样做呢？

第一，对妻子的抱怨和牢骚应宽容忍让。

第二，鼓励或陪妻子做适当的运动，提醒妻子保证睡眠与休息时间。

第三，为避免引起早产，应节制性生活，孕后期应该禁止房事。

第四，妻子焦虑不安时，要想办法减轻她的焦躁情绪。比如，外出散步、听听轻音乐、给她讲个笑话、与她一起猜测未来宝宝的可爱模样等。

（二）第9个月的责任

孕9个月的时候，胎宝宝发育已经基本成熟，准妈妈的肚子已经相当沉重，行动更加不便，准爸爸应做到如下几点。

第一，准备好分娩的必需用品，放在方便取用的地方。

第二，与妻子一起学习有关自然分娩、坐月子及母乳喂养的知识与技能，为安全分娩及科学育儿做好准备。

第三，陪妻子散步、做呼吸减痛分娩法的练习，为分娩做准备。

（三）第10个月的责任

越是临近预产期，准妈妈越会觉得时间变得漫长，着急跟肚子里的宝宝见面，这时期的准爸爸应该做到如下几点。

第一，与妻子一起了解临产前的征兆，稳定、放松妻子的情绪。

第二，陪妻子到确定分娩的医院了解产科的环境，请产科医生初步确定住院分娩时间。

第三，为妻子分娩做好准备，确认分娩时的联系方式和交通工具的安排。

第四，布置好清洁舒适的房间，备足母婴生活用品，迎接妻子与新出生的宝宝回家。

第五章

分娩与产褥期保健

第一节　正常分娩

分娩是指妊娠满 28 周及以后，胎儿及其附属物从临产发动到从母体内全部娩出的过程。

早产：妊娠满 28 周至不满 37 足周的分娩。

足月产：妊娠满 37 周至不满 42 足周的分娩。

过期产：妊娠满 42 周及其以后的分娩。

分娩是一个复杂的生理过程，需要母体的准备与胎儿的成熟。人类妊娠有很强的时间性，过早或过晚结束妊娠都会给母亲与新生儿带来危害。正常分娩过程顺利，母婴健康。

特别提示

分娩是女性完成生命中重大蜕变的一次经历。

在这个过程中，准妈妈将经历期待、承受疼痛、体验分离……完成女性人生中重要的升华。之后，又将在对宝宝的哺育、养育和教育过程中，完成一次与爱有关的成长。这个过程，是幸福而辛苦的，是深刻而伟大的。

分娩方式是每一位进入孕期的准妈妈都会非常关注的问题，如何分娩，分娩过程中自己将会经历什么，自然分娩对自己和宝宝的好处有哪些……这些都需要理性面对和选择。

从形式而言，分娩方式有两种：经阴道分娩和剖宫产分娩。阴道分娩中又包括自然分娩和仪器助产分娩。健康的准妈妈，如果骨盆大小正常、胎位正常、胎儿大小适中，无各种不适宜分娩的合并症和并发症，无医疗上剖宫产的手术指征，医生会鼓励准妈妈自然分娩。

一、分娩要素

影响分娩的四个因素是产力、产道、胎儿及产妇的精神心理。正常分娩依靠产力将胎儿及附属物排出体外，同时需要足够大的骨产道和软产道的相应扩张让胎儿通过。各因素间相互适应，胎儿经阴道自然娩出。产力除受到胎儿大小、胎位及产道影响之外，还受产妇精神心理因素的影响。

（一）产力

产力是产妇自身将胎儿及附属物从子宫内推出的力量。包括子宫收缩力、腹肌及膈肌收缩力和肛提肌收缩力，以子宫收缩力为主。

子宫收缩力有节率性、对称性、极性和缩复作用的特点；腹肌及膈肌收缩力是第二产程的主要辅助力量，又称腹压；肛提肌收缩力有助于胎盘的娩出。

提示与建议

注意积蓄产力

1. 加强营养，是积蓄产力的重要环节。临近分娩期，准妈妈要进食一些热量较高的食物，如大米、面粉、玉米、巧克力、红糖水等。

2. 临产时保持精神愉快，不要紧张。产妇对分娩要有一个正确的认识，不要恐惧、忧虑。精神过度紧张会扰乱中枢神经系统的正常功能活动，以致大脑皮质过度疲劳，进而影响正常的子宫收缩。这是产力不足和子宫收缩异常的重要原因之一。

3. 学会深呼吸。产妇每次宫缩时要做深呼吸，增加氧气的摄入量，减少子宫的疲劳，减轻宫缩造成的腹痛。

4. 掌握用力要领。在第二产程中，当宫缩时，深呼吸，然后自然屏气使劲，就像解大便一样长时间向肛门方向用力；宫缩间歇时，产妇全身放松。只有注意保护产力，才能顺利完成分娩。

（二）产道

所谓“产道”，就是胎宝宝出生时需要经过的通道。医学上，产道由骨产道与软产道两部分构成。

❶ 骨产道

骨产道是指骨盆，是产道的重要组成部分，其大小及形态与分娩关系密切。医学上将骨产道分为三个平面，即骨盆入口平面、中骨盆平面与骨盆出口平面。

❷ 软产道

软产道是由子宫下段、宫颈、阴道及盆底软组织共同组成的弯曲通道。

产道条件的好坏，在很大程度上决定了是否能够顺利地完成自然分娩。

简单来讲，可以把骨盆直接理解为胎宝宝出生时必须经历的骨产道。骨产道（骨盆）不是一个四壁光滑的垂直通道，而是一个仅 8 ～ 9 厘米深、形态不规则的椭圆形弯曲管道，胎宝宝要想通过它可不是那么容易。而且在这个不规则弯曲管道中间还设立两个路障（坐骨棘），胎宝宝只能从二者中间通过，这个间径的距离平均为 10 厘米，所以，大脑袋的胎宝宝就容易被卡住。

特别提示

分娩球让产程更轻松

分娩球是适合孕产妇的“玩具”，是专供孕妇分娩前“运动”的。有了这个分娩球，将有利于缩短产妇分娩过程和减轻产妇分娩痛苦。

分娩球是一个直径约 1 米的彩色胶球，有的医院会将球固定在有扶手的座椅上，在产妇有规律宫缩的间歇骑坐上去，可以放松盆腔肌肉，感到柔软舒适，减轻疼痛。在两次阵痛之间骑坐在分娩球上是很好的镇痛方法。

产妇可以随意选择自己感觉舒适的分娩姿势：蹲位、跪位、坐位、站位、半坐卧位等，只要产妇愿意、感觉舒适就可以。

（三）胎儿

胎儿的大小、胎位（在准妈妈子宫里所躺的位置）及有无畸形是影响分娩及决定分娩难易程度的重要因素，对于是否能够自然分娩有着决定性意义。

特别提示

胎头是胎儿身体最大的部分，也是胎儿通过产道最困难的部分。一个足月胎儿的头径（双顶径）平均为 91～93 毫米，而妈妈骨盆中最窄的一条径线宽度约为 100 毫米，所以当一个宝宝的脑袋很大，双顶径近于 100 毫米时，就要考虑到通过产道时比较困难。一般妈妈的骨盆通过 3000～3500 克的宝宝，应该是没有什么问题的，当宝宝的体重大于 4000 克（巨大儿）时，通过妈妈相对固定的产道就会有一定难度。所以，提醒准妈妈要注意营养均衡，不要让胎儿长成小胖子。

（四）产妇的精神因素

产妇的精神、心理因素可引起机体产生一系列变化从而影响产力，也成为影响正常分娩的重要因素。

产妇积极、乐观的精神状态，有利于产力的正常与产程的进展，有利于分娩。而孕妇焦虑、不安和恐惧的精神、心理状态会使机体产生一系列变化，如心率加快、呼吸急促，甚至引起子宫收缩乏力、宫口扩张缓慢、胎头下降受阻、产程延长，严重的可导致胎儿窘迫、产后大出血等。

特别提示

分娩前及分娩过程中，应让产妇了解分娩的生理过程，耐心安慰产妇，尽可能消除产妇的焦虑和恐惧心理，使产妇掌握分娩时必要的呼吸和身体放松技巧；或聘请有经验的助产士开展导乐分娩，以使产妇顺利完成分娩。

二、分娩进程

（一）分娩前的征兆

分娩前出现的、预示孕妇不久将临产的临床表现称为临产先兆，也就是分娩前的征兆。

❶ 胎儿下降感

初产妇到了临产前两周左右，子宫底会下降，这时孕妇会觉得上腹部轻松起来，呼吸会变得比之前舒畅，胃部受压的不适感觉减轻了许多。

由于胎儿下降，分娩时即将先露出的部分，已经降到骨盆入口处，因此孕妇出现下腹及腰部坠胀和压迫感，并且出现压迫膀胱的感觉，有尿频的现象。

❷ 假临产

在分娩前 2 ～ 3 周，孕妇会有较频繁的不规律宫缩，其特点为持续时间短，强度不增加，间歇时间长且不规则，以夜间多见，清晨消失，不规则宫缩引起下腹部轻微胀痛，但宫颈管不缩短，也无宫口扩张。

特别提示

假临产多发生在分娩前 2 ～ 3 周内，此时子宫较敏感，由于胎头下降、子宫底下降，常引起子宫不规则收缩。这时，孕妇自觉有轻微腰部酸胀，腹部有不规则阵痛，持续时间很短，常少于 30 秒，并且无逐渐加剧和间歇时间逐渐缩短的情况，常在夜间出现，清晨消失。更为关键的鉴别点是阴道无血性分泌物流出，故称作“假临产”。这时孕妇不要急于进医院。

❸ 见红

由于胎儿下降，部分胎膜与子宫壁发生分离，毛细血管破裂出血，可见少许阴道流血，称“见红”。一般在分娩前 24 ～ 48 小时出现，为临产前的一个比较可靠的征象。

（二）产程

无论是否能够自然分娩，每一位准妈妈都应该充分了解自然分娩的过程，只有做到充分了解，才能够正确和客观地面对分娩这件事情。从心理学的角度而言，恐惧源于无知。准妈

特别提示

若阴道出血量较多，超过月经量，不应认为是分娩先兆，很可能是妊娠晚期出血，如前置胎盘等，应及时就医。

妈只有充分了解可能以及将要面对的事情，才能告别恐惧，坦然应对。

进行自然分娩的准妈妈，在分娩过程中会经历四个阶段，也称为四大产程。

❶ 第一产程

第一产程，也称宫颈扩张期，指从规律性子宫收缩开始到子宫口完全开大为止。这一阶段时间较长，初产妇持续 10～12 小时，经产妇需 6～8 小时。

（1）规律宫缩。宫缩强度由每次持续 30～40 秒、间歇 5～6 分钟，逐渐增加，直到每次宫缩持续时间达 1 分钟以上、间歇时间仅 1～2 分钟。

（2）宫口扩张。随着规律宫缩的逐渐加强，宫颈管逐渐缩短、消失，宫口逐渐扩张。当宫口开全时，子宫下段及阴道形成宽阔的软产道。

（3）胎头下降。在宫口扩张潜伏期胎头下降不明显，活跃期下降加快，平均每小时下降 1 厘米。

（4）胎膜破裂。俗称“破水”。破膜后孕妇自觉阴道有水流出。

提示与建议

临产须知

这阶段由于产妇的精神、胎儿、胎位及产力等方面的影响，容易出现宫缩乏力，造成产程延长，产妇可出现疲劳、肠胀气、排尿困难等问题。

第一产程中，产妇的亲属应配合医生做到以下几点。

1. 给产妇精神安慰。让产妇对分娩有充分的信心并积极面对，放松心情、消除恐惧和紧张，不要哭喊，以免影响宫颈口的打开，导致产程变慢，应保存体力，顺利分娩。

2. 密切注意产妇的血压变化。

3. 鼓励进食。鼓励产妇少量多餐进食，以高热量、易消化的食物为主（如巧克力），多喝水，以保证充沛的体力。

4. 指导产妇活动与休息。临产后，若宫缩不强、胎膜未破，亲属可陪同产妇在室内适当活动，以加速产程进展。

5. 让产妇排尿、排便。临产后，应让产妇经常排尿，以避免膀胱充盈影响宫缩及胎头下降。

6. 准爸爸陪产。准爸爸陪产是最大的安慰与支持，但每一个家庭都应该根据实际情况，确定是否陪产，不要强求。因为每个人的心理素质不同，准妈妈也应该充分尊重准爸爸的决定。

很多经历生产的准妈妈面对宫缩疼痛的心理暗示法都很相似："我就想着每一次宫缩都会推着宝宝往前走一步，所以，为了快点跟宝宝见面，我就会想让宫缩来得更猛烈些……似乎也就不觉得那么痛了，心里更多的都是即将见到宝宝的兴奋和激动。"如果每一位在产床上待产的准妈妈内心都能充满这样的正能量和信心，一定会战胜宫缩带来的疼痛，迎接宝宝的到来！

传统孕育拾贝

临产"六字箴言"

《达生篇》："一曰睡，二曰忍痛，三曰慢临盆。"

"此时第一要忍痛为主。不问是试痛、是正产，忍住痛，照常吃饭睡觉，疼得极熟，自然易生。"

"到此时，必要养神惜力，若能上床安睡，闭目定心养神最好。若不能睡，暂时起来，或扶人缓行，或扶桌站立片时。痛若稍缓，又上床睡，总以睡为第一妙法。"

"无论迟早，切不可轻易临盆用力……以致临盆早了，误尽大事。此乃天地自然之理，若到其时，小儿自会钻出，何须着急。"

我国古代妇产医学的六字箴言，其实也适用于当代，临产时的准妈妈也可以照搬来做。临盆就是指分娩，因为旧时女性分娩是坐于盆中，故称临盆。

见红是即将生产的信号。一旦见红也就意味着 24 ～ 48 小时内就会与宝宝见面，这时准妈妈应该调整好自己进入休息或睡眠状态，这是积蓄体力的最好方法，待破水入院进入宫缩的活跃期时，也可以在宫缩较轻或宫缩间隙，通过呼吸调整自己的状态，闭目养神。

阵痛，是每个准妈妈在生产过程中的必经过程。这个过程是子宫在用力地将宝宝推出体外，宝宝也会很努力地向外探索，争取早点与妈妈见面，如果

在宫缩过程中准妈妈过分恐惧紧张，反而导致肌肉收紧，阻碍了宝宝的道路。

不可轻易临盆用力，是指在胎宝宝娩出妈妈产道口的那个阶段，准妈妈不要使劲。现今助产士也会告诉产床上的准妈妈，要提着气或是屏气，同时还会为准妈妈保护会阴，因为在那一刻胎宝宝娩出妈妈体外的冲力会非常大，如果准妈妈仍然用力会造成会阴的撕裂。

❷ 第二产程

第二产程，也称胎儿娩出期，指从宫口开全至胎儿娩出，初产妇需1～2小时，经产妇通常只需数分钟，不超过1小时。

（1）屏气。宫口全开后，胎膜大多已自然破裂。胎头下降加速，当胎头降至骨盆出口而压迫骨盆底组织时，产妇有排便感，不自主地向下屏气。

（2）胎儿娩出。胎头着冠后，会阴体极度扩张，当胎头枕骨到达耻骨联合下缘时，出现仰伸等一系列动作，娩出胎头。随后胎肩及胎体相应娩出，羊水随之流出，完成胎儿娩出全过程。

提示与建议

在第二产程，由于宫缩加强，容易出现胎儿缺氧的情况。第二产程过长或过短都会对胎儿构成威胁。胎儿伴随着产妇强大而频繁的宫缩而下降，产妇会产生强烈的排便感，以增加腹压，协助胎儿娩出。

第二产程越会用力的产妇，跟胎儿的配合就越好，同时助产医生也会更有效地帮助顺利分娩。在胎儿娩出产道的瞬间，产妇要学会迅速地转变呼吸法，以免胎儿娩出时产生的巨大冲力对会阴部造成创伤。

建议孕妇在孕期坚持运动和骨盆底的针对性练习，以便在第二产程能够和医生进行很好的配合，这不仅能够让胎儿尽快娩出，还可能做到顺产无侧切。这对于产妇产后迅速恢复也有着非常重要的意义。

❸ 新生儿处理

（1）清理呼吸道。

新生儿出生断脐后需要先清理呼吸道，再使新生儿啼哭，以免发生吸入性肺炎。

（2）新生儿评分。

新生儿评分又称 Apgar 评分、阿氏评分，是孩子出生后立即检查他身体状况的标准评估方法。在孩子出生后，根据皮肤颜色、心搏速率、呼吸、肌张力及运动、反射五项体征进行评分。

新生儿Apgar评分一览表

体　征	0分	1分	2分
每分钟心率	0	＜100次	≥100次
呼吸	0	浅慢、不规则	佳、哭声响亮
肌张力	松弛	四肢稍屈曲	四肢屈曲、活动好
喉反射	无反射	有些动作	咳嗽、恶心
皮肤颜色	全身苍白	身体红、四肢青紫	全身粉红

特别提示

以这五项体征为依据，满 10 分者为正常新生儿，评分 7 分以下的新生儿考虑患有轻度窒息，评分在 4 分以下的新生儿考虑患有重度窒息。大部分新生儿的评分在 7 ～ 10 分，医生会根据孩子的评分予以相应的处理。轻度窒息的新生儿一般经清理呼吸道、吸氧等措施后会很快好转。

❹ 第三产程

第三产程，又称胎盘娩出期，是指从胎儿娩出到胎盘娩出。一般需要 5 ～ 15 分钟，不超过 30 分钟。

特别提示

这时孩子已经出生了，但是胎盘还在子宫内，虽然没有娩出但脐带搏动停止，产妇会有一种一下子轻松下来的感觉。但是过不了几分钟，子宫又开始收缩，将胎盘从子宫壁上剥离下来，并且排出体外。这一阶段，要密切注意胎盘剥离和阴道流血情况，警惕胎盘粘连及滞留于子宫内，防止产后出血。

❺ 第四产程

第四产程是指胎盘娩出后 2 ～ 4 小时的这段时间。

既往将产程分为三程，近些年有学者提出“第四产程”这个概念，目的是加强对产妇的观察，降低产妇死亡率。

对产妇进行观察和处理，观察内容主要为血压、脉搏、子宫底高度、阴道出血量、膀胱充盈程度以及会阴伤口情况。每 30 分钟记录一次。第四产程的观察对预防产后并发症的发生具有重要意义。

（三）胎儿娩出过程

❶ 衔接

胎头双顶径进入骨盆入口平面，胎头颅骨的最低点达到或接近坐骨棘水平，称衔接。

胎头与骨盆衔接

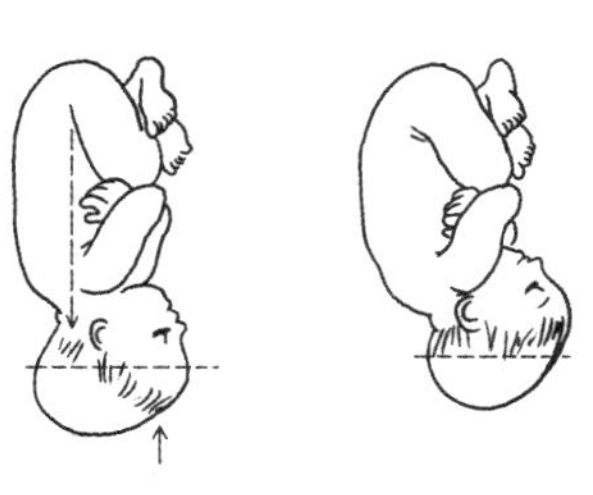

胎头下降与俯屈

❷ 下降

胎头沿骨盆轴前进的动作称下降。

❸ 俯屈

胎头下降至骨盆底时枕部遇肛提肌阻力，使原处于半俯屈状态的胎头进一步俯屈。

❹ 内旋转

中骨盆及骨盆出口为纵椭圆形。为便于胎儿继续下降，当胎头达到中骨盆时，在产力的作用下，胎头枕部向右前旋转45° 达耻骨联合后面，使矢状缝与骨盆前后径一致的旋转动作称内旋转。

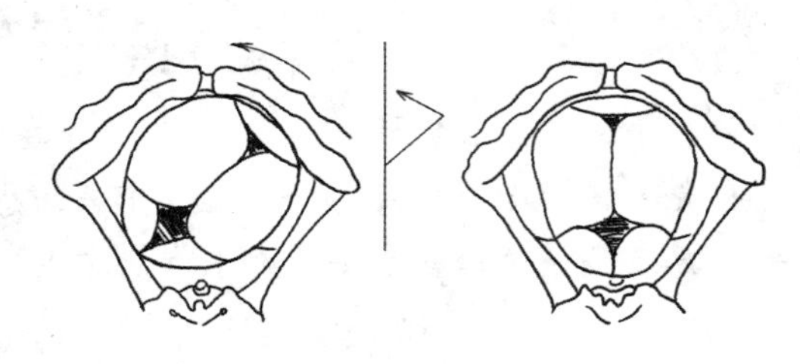

胎头内旋转

❺ 仰伸

内旋转后，宫缩和腹压继续使胎头下降，当胎头达到阴道外口处时，肛提肌的作用使胎头向前，其枕骨下部达到耻骨联合下缘时，即以耻骨弓为支点，使胎头逐渐仰伸，依次娩出胎头的顶、额、鼻、口和颏。

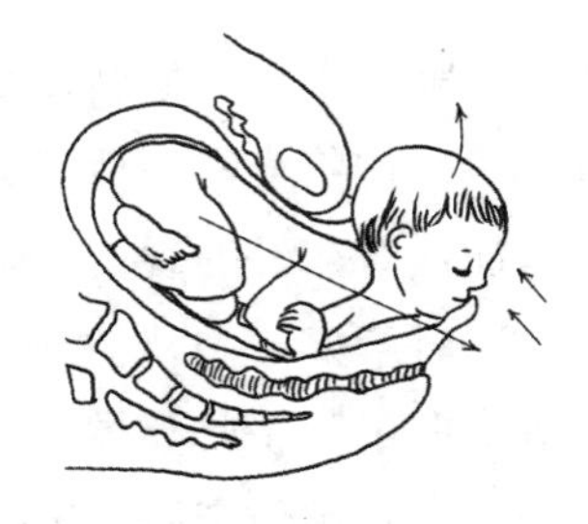

胎头仰伸

❻ 复位及外旋转

胎头娩出后，为使胎头与位于左斜径上的胎肩恢复正常关系，胎头枕部向左旋转 45° 称复位；胎肩在盆腔内继续下降，前肩向右中线旋转 45° 与骨盆出口前后径方向一致，而胎头枕部在外继续向左旋转 45° ，以保持与胎肩的垂直关系，称外旋转。

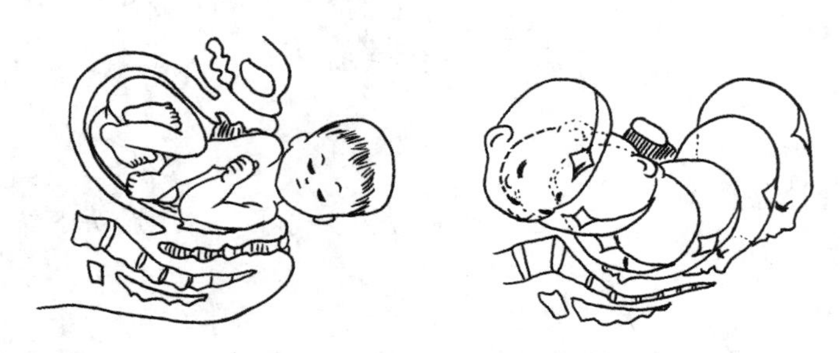

胎头复位及外旋转

⑦ 胎儿娩出

胎儿前肩在耻骨弓下先娩出，随即后肩娩出。这时胎体及胎儿下肢顺利娩出。

胎儿娩出

特别提示

自然分娩好处多

1. 疼痛持续时间短。顺产时虽然疼痛是不可避免的，但孩子出生后，疼痛很快消失。而剖宫产手术后，妈妈在最初3天里要一直躺在床上，插着导尿管，手术后6～8小时不能进食，所以疼痛持续时间更长。

2. 母体恢复快。顺产妈妈的饮食、生活很快就能恢复正常，最多三天就可以出院。并且顺产有利于新妈妈排出产后恶露，子宫恢复得比较快。

3. 风险小。顺产风险比较小，只有会阴部位的伤口，好护理，并发症少。

4. 早下奶，利于母乳喂养。顺产时腹部的阵痛使产妇的垂体分泌一种叫催产素的激素，不但能促进产程的进展，还能促进母亲产后乳汁的分泌，有利于母乳喂养。

5. 宝宝更健康。宝宝经过产道时，会随着吞咽动作吸收附着在妈妈产道的正常细菌，对宝宝免疫系统发育非常重要；宝宝经过产道的挤压，对其神经系统是一次很好的锻炼，出生后感觉统合协调能力好；分娩过程中，子宫有规律地收缩能使宝宝肺脏得到锻炼，肺泡扩张促进宝宝肺成熟。同时，有规律的子宫收缩及经过产道时的挤压作用，可将宝宝呼吸道内的羊水和黏液排挤出来，新生儿的并发症，如湿肺、吸入性肺炎的发生可大大减少。

三、导乐分娩

（一）概念

导乐分娩亦称舒适分娩，是国际上推荐的一种回归自然的精神分娩镇痛方式，是当今分娩镇痛心理疗法的主要模式。

（二）作用

通过导乐者（有一定分娩经验的医护人员，或受到短期产科知识培训、有人际交流及疏导技巧的妇女）为产妇提供专业化、人性化的服务，并使用非药物、无创伤的导乐仪，阻断来自子宫底、子宫体和产道的痛感神经传导通路，达到持续、显著的分娩镇痛效果，让产妇在舒适、无痛苦、母婴安全的状态下顺利自然分娩。

（三）方法

❶ 心理疏导

在整个产程中，给予产妇心理疏导与情感支持，帮助产妇缓解或去除焦躁、紧张、恐惧等不良情绪，增强产妇自然分娩的信心。

❷ 膳食指导

指导产妇合理营养膳食，保证产妇在整个产程具有充沛的体力。

❸ 亲属支持

对产妇家属进行指导，教会家属如何科学地帮助产妇，让家属清楚地认识自己的角色与作用，使产妇从家属方面获得亲情支持。

❹ 分娩指导

（1）向产妇介绍生产过程，帮助产妇学会气息调节的要领，了解分娩阶段的注意事项。

（2）采用适宜技术，有效降低产妇的分娩疼痛，进而减少产妇的分娩痛苦。

（3）科学指导产妇选择合理体位、使用导乐球（也叫分娩球），以利于产程进展。

❺ 一对一、面对面

根据产妇个体差异化需求，提供一对一、个性化的全程陪伴服务，让产

妇安心、舒适地度过产程。

特别提示

应聘请拥有丰富经验的助产士或妇产科医生担任“导乐”；或者由经过专业的课程培训，善于与人沟通交流，有爱心、耐心和责任心，具有临危不乱的心理素质，并且有分娩经验的女性担任。

“导乐”的作用不仅仅是简单的陪产，她需要在整个产程中给产妇以持续的心理、生理及感情上的支持，帮助产妇渡过生产难关。

“导乐”在产妇的生产过程中对其进行“一对一”的全程分娩陪伴，并且在产前、产中、产后为产妇提供全面、周到、细致的服务。

产妇与“导乐”要相互信任，密切配合，共同努力，实现无痛或少痛分娩的目标。

第二节　异常分娩

一、早产与多胎妊娠

（一）早产

导致早产的常见原因有如下几种。

1. 孕妇合并急慢性疾病，如心脏病、重度营养不良和性传播疾病
2. 孕妇患有生殖道畸形或合并子宫肌瘤
3. 双胎妊娠、羊水过多、胎膜早破、前置胎盘等

提示与建议

早产儿因未成熟，出生后容易出现各种并发症，如呼吸窘迫、颅内出血、低血糖等，因此，死亡率远高于足月儿。据统计，除去致死性畸形，75% 以上围产儿死亡与早产有关。早产儿即使存活，未来的身心发育也会受到一定影响。因此，建议准妈妈要定期做产前检查，对可能引起早产的因素给予充分重视，尽量避免早产的发生。

（二）多胎妊娠

一次妊娠两个或两个以上的胎儿，称为多胎妊娠。多胎妊娠的妊娠期、分娩期并发症多，故属高危妊娠。为改善妊娠结局，除早期确诊外，应加强孕期保健并重视分娩期处理。

特别提示

遗传因素多胎妊娠有家庭性倾向，凡夫妇一方家庭中有分娩多胎者，多胎的发生率增加。单卵双胎与遗传无关。双卵双胎有明显的遗传史，若妇女本身为双卵双胎之一，分娩双胎的概率比丈夫为双卵双胎之一者更高，说明母亲的基因影响较父亲大。

多胎妊娠时，早孕反应较重，持续时间较长。孕 10 周以后，子宫体积明显大于单胎妊娠，至孕 24 周后增长更迅速。孕晚期，由于过度增大的子宫推挤横膈向上，使肺部受压及膈肌活动幅度减小，孕妇常感觉呼吸困难；由于过度增大的子宫压迫下腔静脉及盆腔，阻碍静脉回流，常致

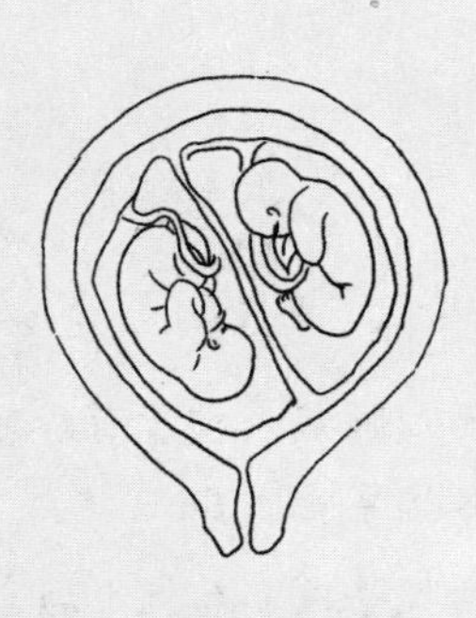

双胎妊娠

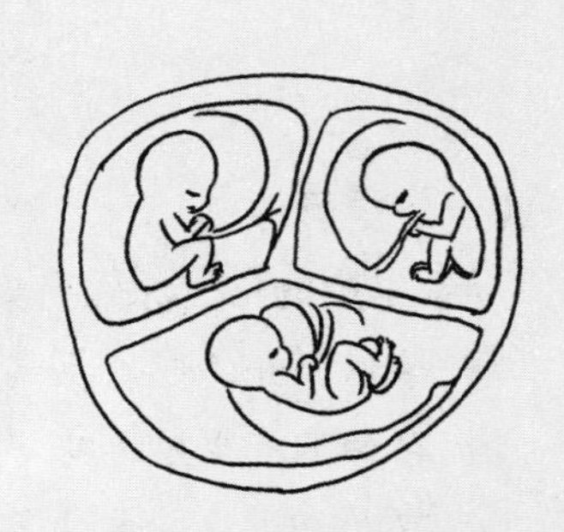

三胎妊娠

下肢及腹壁水肿，下肢及外阴阴道静脉曲张。此外，多胎妊娠期间并发症较多，包括一般的与特殊的并发症。

二、胎儿异常

（一）巨大儿

巨大儿是指出生体重超过 4 000 克的新生儿。如果父母个子高大，母亲怀孕期营养丰富，胎儿发育良好，长得大是自然的，只是临产困难，常做剖宫产处理。

有的巨大儿，是由于母亲患有糖尿病或其他原因，这样的宝宝，虽然出生时重，但并不健康。所以说，还是出生体重正常的孩子好。

（二）胎儿生长受限

胎儿生长受限，又称宫内生长受限，是指胎儿大小异常，在宫内未达到其遗传的生长潜能，胎儿出生体重低于同孕龄平均体重的两个标准差，或低于同龄正常体重的第 10 百分位数。鉴于并非所有低于第 10 百分位数的胎儿均为病理性生长受限，也有人提出以低于第 3 百分位数为准。胎儿生长受限在我国的发生率为 6.39%，是围生儿死亡的第二大原因。死亡率为正常发育儿的 6 ～ 10 倍，约占围生儿的 30%。产时宫内缺氧的围生儿中 50% 为胎儿生长受限。

三、难产与剖宫产

（一）难产

又名产难，指怀孕足月，临产娩出困难，是各种异常产的总称。

胎儿能否经阴道顺利分娩，取决于产力、产道、胎儿和精神四大因素。如果其中一个或一个以上的因素出现异常，即可能导致难产。

❶ 骨产道异常

实际上就是指骨盆狭窄。包括：

（1）骨盆入口平面狭窄（单纯扁平骨盆、佝偻性扁平骨盆）。

（2）中骨盆平面狭窄（男型骨盆、类人猿型骨盆）。

（3）骨盆出口平面狭窄。

❷ 软产道异常

软产道异常发生率低，包括：

（1）外阴病变（外阴肿胀、外阴狭窄和外阴肿瘤）。

（2）阴道病变（先天发育异常、继发病变）。

（3）宫颈病变（先天性宫颈发育异常、妊娠合并宫颈癌等）。

（4）子宫病变（子宫畸形、子宫肌瘤）。

（5）卵巢肿瘤。

❸ 产力异常

产力异常主要包括子宫收缩乏力及子宫收缩过强。

（1）子宫收缩乏力。原因有孕妇高龄、体质差、贫血、精神恐惧、内分泌功能紊乱、不恰当使用镇静药物等。

（2）子宫收缩过强。常发生在经产妇，影响因素有宫缩力过强、胎儿偏小而骨盆宽大、软产道无助力等。

❹ 胎位异常

胎位异常包括头位难产、肩难产、臀先露等。

提示与建议

难产的预防

1. 怀孕期间，定期去医院产科进行检查，及早发现不良因素，及时处理。

2. 孕期膳食营养要适当，避免因准妈妈营养过剩造成“巨大儿”，带来难产危险。

3. 即将分娩的准妈妈，应该对分娩有正确的认知，不要害怕自然分娩中的产痛。

4. 只要能够早期发现难产因素，并取得产妇的积极配合，多数可正常分娩。即使胎儿无法经阴道分娩，医生还可以通过手术帮助宝宝分娩，只要处理及时，母婴健康均会得到保障。

（二）剖宫产

剖宫产是外科手术的一种，即切开母亲的腹部及子宫、取出胎儿的手术。

世界卫生组织建议，一级医院剖宫产率不应超过 15%，二级及以上医院不应超过 10%。

剖宫产的适应症有如下几种。

❶ 难产

包括头盆不称，即胎儿头大，妈妈的骨盆入口小；骨产道或软产道异常；胎儿或胎位异常；脐带脱垂；胎儿窘迫；产力异常或有过剖宫产史等情况，不能经阴道分娩。

❷ 妊娠并发症

如重度子痫前期或子痫短期内不能经阴道分娩；合并心力衰竭，肝、肾功能损害，应剖宫产结束分娩。

妊娠晚期出血。例如，胎盘早剥、完全性前置胎盘，出血多，必须及时剖宫产。

特别提示

剖宫产像其他外科手术一样，有一定的风险和并发症。剖宫产产妇术中出血、术后血栓形成率、再次妊娠发生前置胎盘和子宫破裂的概率远高于经阴道分娩的产妇；同时剖宫产新生儿并发呼吸系统功能异常及发生弱视的概率高于阴道分娩新生儿，其抵抗力远低于自然分娩的新生儿；一些手术并发症也可能伴随剖宫产发生，如出血、器官损伤、麻醉意外、伤口愈合不良、剖宫产儿综合征、湿肺等。所以，除非有医疗上的手术指征，医生不会建议准妈妈去做剖宫产手术。

妊娠合并症。例如，因子宫肌瘤、卵巢肿瘤、妊娠合并尖锐湿疣或淋病等不能经阴道分娩者。

❸ 珍贵儿

珍贵儿指产妇年龄过大、多年不孕、多次妊娠失败、胎儿宝贵等。

第三节 产褥期保健

产褥期，这里指自然分娩的正常产褥。产妇全身除乳腺外，从胎盘娩出至恢复或接近未孕前状态所需的时间，称为产褥期，一般为6周。

一、产褥期母体的变化

（一）生殖系统的变化

❶ 子宫复旧

子宫在产褥期的变化最大。胎盘娩出后的子宫，逐渐恢复至未孕状态的过程，称为子宫复旧。

子宫于产后1周缩小至约妊娠12周大小，在耻骨联合上方可摸到，于产后10天左右下降入盆腔，在腹部就摸不到了，产后6周恢复到孕前大小。胎盘娩出后，整个子宫的新生内膜缓慢修复。约于产后第3周，除胎盘附着处外，子宫腔表面均有新生的内膜修复。胎盘附着处全部修复需要到产后第6周。

❷ 子宫颈变化

分娩结束时，子宫颈皱起如袖口状，产后2～3日，子宫口仍可通过2指。产后7～10天，子宫颈外形及子宫颈内口恢复至未孕状态，宫口关闭。

❸ 阴道与外阴变化

产后阴道腔扩大，阴道壁松弛及肌张力降低，阴道黏膜皱襞因过度伸展

而消失。产褥期，阴道腔逐渐缩小，阴道壁肌张力逐渐恢复，产后第 3 周出现阴道皱褶，但阴道在产褥期结束时尚不能完全恢复至未孕时状态。

特别提示

密切观察子宫复旧情况

正常情况下，产后第一天子宫底平脐，以后子宫底每天下降 1 ～ 2 厘米，在产后 10 天左右子宫底降入骨盆腔内，在腹部摸不到子宫底。所以，每日应在同一时间排尿后用手测量子宫底高度，以了解子宫逐日复旧的过程。

在产后 14 天内，如果子宫收缩良好，子宫收缩时可从腹壁外摸到又圆又硬的子宫体，同时产妇感到下腹痛；如果子宫收缩不好，则宫体软而不具体，阴道出血量也较多，应看产科医师。若经过检查，宫腔有积血，可按照医师的指导，按摩宫底，把积血排出，以保证子宫的正常复旧。

在产褥期，如果产妇能早下床活动、及时排解大小便、卧位时勤变换体位、母乳喂养婴儿，那么对于促进子宫的恢复也有积极的作用。

产后，产妇的外阴轻度水肿，于产后 2 ～ 3 天逐渐消退。处女膜因分娩而成为残缺不全的痕迹，称处女膜痕，是经产的重要标志。阴道后连合多有不同程度的损伤，会阴部的裂伤或切开，缝合后恢复较快，一般 3 ～ 5 天愈合。

（二）乳房的变化与泌乳

分娩后，由于雌激素和孕激素的水平骤降，生乳素增加，乳房增大，变坚实，局部温度增高，开始分泌乳汁。

产后 2 ～ 3 天，乳房极度膨胀，静脉充盈，压痛明显，此时仅有少量初乳分泌。初乳为浑浊的淡黄色液体，内含丰富的营养成分，为新生儿理想的天然早期食物。产后 4 天，乳房开始分泌乳汁。因母乳中含有抵御疾病的抗体，因而采用母乳喂养的婴儿肠道感染的机会少。

提示与建议

促进乳房泌乳

哺乳期的乳房发育与泌乳，一是取决于早开奶、早吸吮，即出生断脐后30分钟内开奶。婴儿对乳头的吮吸刺激，由乳头而来的感觉信号经传入神经纤维抵达丘脑下部，以至垂体生乳激素释放而促进乳汁分泌；吮吸动作还可反射性引起垂体后叶释放催产素，它将刺激乳腺和腺管的肌上皮细胞收缩，以促进乳汁的流出。二是产妇的营养、睡眠、精神状况和健康状况也会影响乳汁的分泌。三是母婴同室、按需哺乳，不给婴儿橡皮奶头做安慰物，有效地实行母乳喂养，以更好地促进乳汁的分泌。

（三）其他系统的变化

❶ 血液循环系统

分娩后，妊娠子宫施加于下腔静脉的巨大压力消除，静脉血回流增加，以致产后第1天血容量即有明显增加，血细胞压积相应下降；此后血容量即渐渐减少，血细胞压积基本保持稳定。

产后2～3天内，由于大量血液从子宫进入体循环，以及妊娠期间过多的组织间液的回吸收，致使血容量上升，使心脏负担加重。一般在产后3～6周恢复至孕前水平。

产后第一周内，中性白细胞数很快下降，妊娠末期下降的血小板数迅速上升，血浆球蛋白及纤维蛋白原量增加，促使红细胞有较大的凝集倾向。

孕妇血液稀释，在产后两周内恢复正常。分娩时，白细胞增高，在产后24小时内约15000/立方毫米，如产程长，可达30000/立方毫米，多在1周内恢复正常，否则应寻找原因。

❷ 消化系统

产后，胃、肠肌张力及肠蠕动力减弱，常中度肠胀气，食欲欠佳。由于进食少，水分排泄较多，因此肠内容物较干燥，加上腹肌及盆底松弛以及会阴伤口疼痛等，容易发生便秘。

❸ 泌尿系统

妊娠晚期潴留于体内的水分在产褥初期迅速排出，尿量增加，扩张的输尿管及肾盂在产后 4 ～ 6 小时内复原。分娩期尤其产程延长时，因胎先露的压迫，膀胱黏膜充血水肿，水肿如牵涉到三角区，可使排尿困难，产褥期膀胱容量增大，且对内部张力的增加不敏感，膀胱肌肉又无力排空，易发生尿潴留。另外，会阴的肿痛也能引起尿道括约肌反射性痉挛，增加排尿困难。

提示与建议

预防产后尿潴留

1. 排尿。产后 4 小时，排尿 1 次；以后每隔 4 ～ 5 小时排尿 1 次。因为定时排尿反射可刺激膀胱肌肉收缩。

2. 适量运动。自然分娩的产妇产后 24 小时就可以起床活动，并逐日增加起床时间和活动范围，剖宫产的产妇则需要根据伤口的愈合程度来进行。

3. 多喝汤水。宜多喝开水、汤、稀粥，以增加尿量，清洁尿道。

4. 纠正排尿困难。解除怕排尿引起疼痛的顾虑，鼓励产妇坐起排尿，用热水熏洗外阴，用温开水冲洗尿道外口周围诱导排尿。下腹部正中放置热水袋，按摩膀胱，刺激膀胱肌收缩。

已发生尿潴留的产妇应去医院治疗，并且少喝汤水，尽量减少膀胱负担。

❹ 内分泌系统

分娩后，产妇的内分泌系统会有相应的变化。产妇体内的雌激素和孕激素迅速下降，至第 7 天可低于正常月经期水平，一般未哺乳的产妇平均产后 10 周左右就可以恢复排卵，哺乳的妇女可在产后 4 ～ 6 个月恢复排卵。恢复月经较晚者，首次月经多有排卵。内分泌系统的变化是很微妙的，直接受精神因素的影响，所以每个产妇都应该精神愉快地度过产褥期，使内分泌系统能够尽快地“正常运转”。

很多产妇认为哺乳期不会怀孕，这是一个误区。产后正在哺乳期的女性在性生活后，也可能再次怀孕，因此需要认真避孕，避免引发不必要的危险。

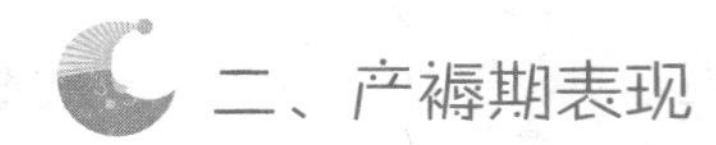

二、产褥期表现

（一）生命体征

女性产后生命体征的改变包括体温、脉搏、血压、呼吸四大方面。产后体温多数在正常范围内，可在产后 24 小时内略升高，但是一般不超过 38℃，可能与产程延长致过度疲劳有关；产后脉搏在正常范围内；产后腹压降低，膈肌下降，由妊娠期的胸式呼吸变为胸腹式呼吸，呼吸深、慢，每分钟 14 ～ 16 次；血压于产褥期平稳，变化不大。

（二）心理问题

产后，因雌激素或黄体酮等从妊娠期的高血浓度急速下降，性激素分泌处于不稳定状态，产妇易情绪波动而出现一些精神障碍。

❶ 产后心理变化的类型

（1）产后抑郁状态。

指分娩后数天到10天左右发生的一种抑郁状态。其主要表现为情绪不稳、失眠、暗自哭泣、郁闷、注意力不集中、焦虑等。此时，只要丈夫和家人多关心，大约一周就可以好了。

（2）产后抑郁症。

指产后数周内呈现出明显的抑郁症状或典型的抑郁发作。主要表现为郁郁寡欢、食欲不振、无精打采，甚至常常会无缘无故地流泪或对前途感觉毫无希望，更有甚者会有罪恶感产生、失去生存欲望，甚至有想伤害新生儿的念头。据统计，产后抑郁症的发病率约占总产妇的 13%，且有快速升高的趋势。

（3）产后精神病。

典型的产褥期精神病多在产后 2 ～ 3 天急性发作。通常是在情感障碍基础上伴发幻觉、妄想、状态错乱、智能缺损等症状。病程可持续数月，尤其

在初产妇多见。发病率为总产妇的0.1%～0.2%，曾在妊娠期出现过精神障碍者约70%在产褥期复发。

❷ 产后心理变化的原因

（1）角色的转换产生失落感。

产前备受丈夫、父母、公婆的关注，而产后大家的注意力都集中在宝宝身上，似乎主角的地位被取代，失落的情绪油然而生。

（2）担心身材恢复不好。

担心自己的身材不能恢复，特别是自然分娩，怕影响今后的夫妻生活而失去丈夫的宠爱；剖宫产的疼痛、腹部的疤痕都会让心情不好。因而对于当初怀孕有点后悔，甚至心中充满焦虑和悔恨。

（3）生怕难以担当母亲的角色。

当今多数产妇为独生女，生活能力较差。初为人母，不会照顾宝宝，怀疑自己是否有能力胜任母亲的角色。

❸ 产后抑郁的危害

产后抑郁令新妈妈感到精神痛苦，生活质量下降，严重者自伤或自杀，给家庭造成无法弥补的创伤和遗憾。

产后抑郁对于孩子的影响也是巨大的。产后抑郁的妈妈无法及时和全面地照顾好新生宝宝，新生宝宝由于缺乏照顾和亲子隔离易造成心理发育障碍，有的孩子会因此出现发育迟缓、情智启蒙起步晚、活动能力受限的情况。

产后抑郁症还会危及社会、家庭生活的稳定与和谐。据哈佛大学统计，1990年在美国，抑郁症（包括产后抑郁症）所造成的经济负担已达约440亿美元。我国专家估计，至2020年抑郁症所造成的社会经济负担将达国民生产总值的2%。因此，这一问题必须受到更多的关注。

❹ 产后抑郁症的多发人群

（1）未满20周岁的产妇。

（2）未婚的单亲产妇，或出身于单亲家庭的产妇。

（3）收入少、居住条件差、教育程度不高、怀孕或产后生活压力太大的产妇。

（4）家庭富有，为全职太太，感情脆弱、依赖性强、没有朋友的产妇。

（5）童年时期，因父母照顾不周而一直缺乏安全感的产妇。

（6）怀孕期间，同丈夫关系不好或缺乏家人关心、常出现情绪失控的产妇。

提示与建议

预防产后抑郁症

1. 主动参加孕妇学校的学习。孕妇及其丈夫一起到孕妇学校学习妊娠和分娩的相关知识，了解分娩过程、分娩时的放松技术及如何与助产人员配合，消除紧张、恐惧的消极情绪。

2. 改善分娩环境，提倡导乐分娩。在导乐及家人的陪伴下，提高产妇对分娩自然过程的感悟，减少其并发症及心理异常的发生。

3. 重视分娩及产褥期保健。对分娩时间长、难产或有过不良妊娠结局的产妇，应给予重点心理护理，注意保护性医疗，避免精神刺激。实行母婴同室，鼓励、指导母乳喂养，并做好新生儿的保健指导工作，减轻产妇的体力和心理负担，辅导产妇家属共同做好产褥期产妇及新生儿的保健工作。

4. 及时发现、处理妊娠期心理障碍。对以往有精神抑郁史或情绪忧郁的产妇要足够重视，及时发现识别，并给予适当的处理，防止产后抑郁症的发生。

（三）恶露

在准妈妈完成生产进入产褥期后，随着子宫内膜特别是胎盘附着处内膜的脱落和修复，产后会有含血液、坏死蜕膜组织等血性物经阴道排出，称为恶露。恶露分为以下三种。

❶ 红色恶露（血性恶露）

产后最初几天排出的颜色鲜红、量多的一种恶露。这种恶露除血液及坏死的蜕膜组织外，有时里面还有胎膜的碎块、胎儿皮脂、胎毛及胎粪等，可持续 1 ～ 7 天。

❷ 浆液性恶露

颜色似淡红色浆液，内含少量血液，但有较多的坏死蜕膜、宫颈黏液、

阴道渗出液及细菌等，可持续至产后 10 ～ 14 天。

❸ 白色恶露

呈白色或淡黄色，含大量白细胞、退化蜕膜、表皮细胞、细菌及黏液，大约持续至产后 3 周左右。也有不少产妇到产后一个多月才干净，有的地方称之为“洗满月”，意思是说孩子满月了，恶露也干净了，不用每天洗内裤了。极少数的产妇要一个半月左右才能干净，剖宫产的产妇恶露持续时间要长一些。

提示与建议

产后生化汤的作用

生化汤由当归、川芎、桃仁、炮姜、炙甘草组成。其中当归养血补血，川芎行血、活血，桃仁破血化瘀，炮姜温里暖宫，甘草补脾益气、调和止痛。整个处方的目的就是养血、活血、补血、祛恶露。中医认为，产妇在宝宝出生后的第一周内，每天都要饮用生化汤，一天分 6 次喝，顺产喝 7 天，剖腹产喝 14 天。有助于排除恶露，祛瘀生新，恢复子宫功能。

现代药理研究证明，生化汤有增强子宫平滑肌收缩、抗血栓、抗贫血、抗炎及镇痛作用。但要记住，服用生化汤不要超过产后两个星期，服用时间过长，反而对子宫内膜的新生造成负面影响，它会让新生子宫内膜不稳定，出血不止。

注意恶露变化

恶露一般在产后 3 ～ 4 周干净。

通过对恶露的量、性状、颜色、气味的变化进行观察，可以了解子宫复旧的情况，并能及时发现产褥感染。正常的恶露有血腥味，但不臭；如果恶露量多，呈土褐色，浑浊，并且有恶臭，再伴有下腹压痛及发热，则可能是产后感染，应立即到医院就诊。

三、产后康复

（一）膳食营养

由于分娩时体力消耗大，产妇身体内各器官要恢复，消化能力也减弱，又要分泌乳汁供新生儿生长，所以饮食营养非常重要。产后 1 个小时可让产妇进流食或清淡的半流食，以后可进普通饮食。整个哺乳期可参照《中国居民膳食指南 2007》的要求进行膳食安排。

❶ 产褥期膳食原则

（1）增加鱼、禽、蛋、瘦肉及海产品摄入。

（2）适当增饮奶类，多喝汤水。

（3）食物多样，不过量。

（4）忌烟、酒，避免喝浓茶和咖啡。

（5）科学活动和锻炼，保持健康体重。

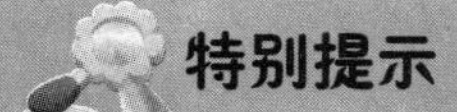

特别提示

健康体重：指体质指数（BMI）在 18 ～ 24。

BMI ＝ 体重（千克）÷ 身高（米）^{2}

❷ 产褥期膳食特点

（1）高蛋白、低脂肪，保证热量。

产后妇女身体虚弱、活动减少、食欲不佳并有组织受损，所以此时的饮食应以高蛋白、低脂肪为主。

在烹调方法上多采用蒸、炖、煮、炒的方法，最大限度减少营养成分的损失。

（2）种类多样，粗细搭配，荤素搭配。

不同食物所含的营养成分和量不同，应品种多样；主食粗细粮搭配，副食有荤有素；膳食还要具有良好的感官性状，做到色、香、味、形俱佳，能够引起产妇的食欲，并易于消化和吸收。

（3）少食多餐，不要节食。

产褥期妇女的饮食提倡少食多餐，除一日三餐外，早餐与午餐之间、午餐与晚餐之间分别加餐一次，加餐的品种除点心、牛奶外，最好加一份水果。

避免不必要的节食，以防影响身体的恢复及哺乳。

提示与建议

1. 红糖水不宜长时间喝。红糖水能够活血化瘀，还能够补血，并促进产后恶露排出，是产后的补益佳品。但如果喝得时间太长，反而会使恶露血量增多，引起贫血。一般来讲，产后喝红糖水的时间以 7 ～ 10 天为宜。红糖含有很多杂菌，不宜直接用开水冲服。应将红糖水煮透，或蒸后备用。

2. 鸡蛋以每天 3 个为好。鸡蛋含蛋白质丰富而且利用率高，还含有卵磷脂、卵黄素及多种维生素和矿物质，尤其是含有的脂肪易被吸收，有助于产后恢复体力，维护神经系统的健康，减少抑郁情绪。产褥期妇女每天吃 3 个鸡蛋就可以，最多 4 ～ 6 个鸡蛋。产妇过多吃鸡蛋一是使胆固醇升高；二是容易便秘；三是不利于钙的吸收，容易造成哺乳的婴儿缺钙；四是增加肝肾的负担。

3. 鸡汤、肉汤要打沫、撇油。产褥期妇女出汗多，加之分泌乳汁，需水量要高于普通人，大量喝鸡、鱼、肉汤对身体补水及乳汁分泌都十分有益。给产妇煲的汤，一定要将上面的浮沫与油撇出。因为高脂肪的浓汤影响食欲，容易引起肥胖；奶水中的脂肪含量过高，会引起婴儿腹泻，堵塞乳腺管造成乳房胀痛，甚至引发乳腺炎。

（二）合理运动

产后的女性应当适当活动，进行体育锻炼，这样有利于促进子宫的收缩及恢复，帮助腹部肌肉、盆底肌肉恢复张力，保持健康的形体，有利于身心健康。产后适当休息，卧床最好侧卧，多翻身，尽量少仰卧。

产后 12 ～ 24 小时可以坐起，并下地做简单的活动。顺产的产妇在生产 24 小时后就可以锻炼，不用器械，躺在床上即可进行一些肛门及会阴部、臀部肌肉的收缩运动，简单易行，根据自己的能力决定运动时间、次数。注意不要过度劳累，刚开始做 15 分钟为宜，每天 1 ～ 2 次。若是剖宫产的产妇，凡是会牵拉到腹部肌肉的动作都需要规避。产后 3 个月，根据伤口恢复情况，酌情开始进行相关锻炼。

提示与建议

产后锻炼

产后若没有适当的运动，时间长了可能会造成腹肌无力、背痛及应力性尿失禁。产后运动的目的在于促进子宫与会阴肌的收缩，并强化腹肌收缩，以使身材早日恢复。子宫约需 14 天才完全复位，而腹肌至少 6 周，腹肌肌力的恢复则需 6 个月。

1. 产后新妈妈的身体和各部位以及各种机能都在进行全面的恢复，因此其锻炼与普通人的方式、方法、针对体位以及锻炼顺序都有所不同。

2. 产后需注意背部的保护，若要从床上起来，最好先翻身侧躺再以手撑起，不可仰卧起坐式地直接坐起。

3. 产妇在产后第二天即可下床活动，以不感觉疲累为原则。自然分娩的女性，可在产后一周内开始产后运动；而剖腹产女性最好第二周开始。

4. 剖宫产的产妇不宜过早进行腹肌的锻炼，一定要在伤口恢复后才可进行。

5. 所有的产后恢复运动都需要有正确的方法，而非盲目极端地进行非常规的恢复方式，否则会对身体的肌肉、关节以及韧带造成不可逆的永久性损伤。

关于产后腹直肌的锻炼

产后女性非常关注腹部的恢复，而仰卧起坐则是恢复腹肌非常有效的一种运动形式。运动前，产妇必须仔细观察腹直肌分离的状况来确定是否可以进行腹肌的锻炼。产后分离的腹直肌大约两指幅宽，产后 6 周应恢复至一手指厚的宽度。假如此空隙 3 ～ 4 指幅，则必须避免躯干旋转及侧身弯曲、仰卧起坐运动，需等空隙两指幅才可开始。腹直肌分离的情形尤其容易发生在经产妇或肥胖的产妇。

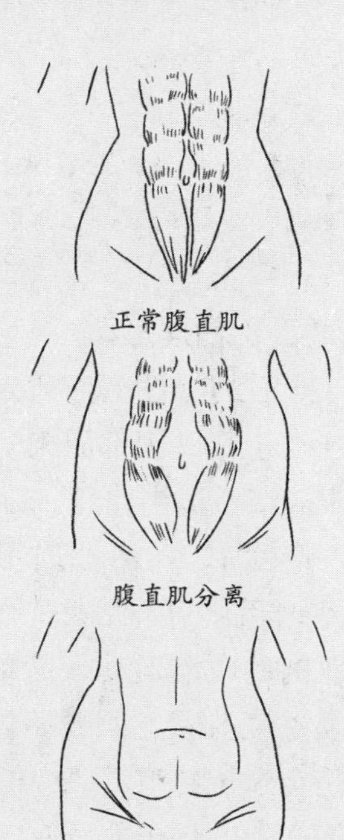

做仰卧起坐前需先自行评估、确定腹肌分离的程度。

腹直肌分离的评估方式：平躺仰卧，两膝弯曲，脚掌平放。将手指放在肚脐下方，将头慢慢抬起，此时，在肚脐两侧的腹肌会用力而鼓起绷紧（中间有空隙如一凹沟产生），请用手指感受两侧肌肉分开几指幅。如果大于等于3指幅，则需要继续恢复。可进行腹直肌分离矫正运动以改善分离的情况。当改善效果至1～2指幅时，就可以加入仰卧起坐及躯干旋转的运动了。

腹直肌分离矫正的运动：平躺仰卧，两膝弯曲，脚掌平放。双手交叉在腹肌上方。当呼气时，将头抬起并用手将腹肌推往中间。当感觉此空隙开始往外开，则慢慢将头放下并放松腹肌。此运动可以尽力去做。

（三）健康查体

在产褥期末，即产后6～8周，应到医院进行一次全面的产后检查，以便了解全身和盆腔器官的恢复及哺乳情况，及时发现异常，及早处理，防止延误治疗和遗留病症。如有特殊不适，则应提前检查。

产后42天母婴健康检查一览表

对象	检查项目	检查方法	检查目的	备　注
母亲	体重	体重计	监测新妈妈的营养摄入情况和身体恢复状态	增减不超过孕前两千克；午饭后两个小时为最佳测量时间
	血压	血压计	减少由血压变化带来的健康危害	测压前半个小时内不进食、不憋尿，保持心态平静
	乳房	触诊、彩超钼钯X光机	全面了解乳房组织情况，及时发现与解决乳房疾病，保证母乳喂养	检查乳房前要注意乳房的清洁
	妇科检查	内诊及超声波	子宫、宫颈口复原情况，会阴和阴道的裂伤或缝合口愈合、双侧输卵管及卵巢、恶露情况	在进行妇科检查前3天不要使用阴道药物；排空大小便

（续表）

对象	检查项目	检查方法	检查目的	备　注
母亲	尿常规	实验室	通过尿蛋白、尿糖、尿三胆、尿量、尿比重和尿沉渣检查，确定泌尿系统健康与否	最好是清晨的中段尿液（尿出一部分后，再将尿接入尿杯或试管）；患过妊娠高血压者查尿意义更大
	血常规	实验室	通过对血液中白细胞、红细胞、血小板、血红蛋白及相关数据的计数检测分析，在微观上为身体把关	饭后两个小时后检查效果更好
	腹部	触诊、X线、超声波	进一步了解子宫的复位、剖宫时的刀口愈合以及生产后腹腔内其他器官的情况	检查前不要吃得太饱，少量饮水，避免胃胀
婴儿	常规检查	身长体重计、听诊器	通过身长、体重、头围及心肺功能检查，确定其生长发育情况	身长应该增长4～6厘米；体重增长1 000克左右；头围增长2～3厘米；心跳、肺部呼吸声正常
	神经系统的检查	量表	通过运动发育能力、神经反射检查，确定神经系统发展状况	能竖头，趴下能抬头；出生反射消失，行为反射建立

出 版 人　所广一
责任编辑　宫美英
版式设计　点石坊工作室　吕　娟
责任校对　贾静芳
责任印刷　曲凤玲

图书在版编目（CIP）数据

婴幼儿成长指导丛书. 胎孕篇/王书荃 主编. —北京：教育科学出版社，2014. 11
ISBN 978-7-5041-9043-7

Ⅰ.①婴…　Ⅱ.①王…　Ⅲ.①优生优育-基本知识②妊娠期-妇幼保健-基本知识③分娩-基本知识④产褥期-妇幼保健-基本知识　Ⅳ.①TS976.31②R715.3

中国版本图书馆CIP数据核字（2014）第223489号

婴幼儿成长指导丛书
胎孕篇
TAIYUN PIAN

出版发行	教育科学出版社		
社　　址	北京·朝阳区安慧北里安园甲9号	市场部电话	010-64989009
邮　　编	100101	编辑部电话	010-64989592
传　　真	010-64891796	网　　址	http://www.esph.com.cn
经　　销	各地新华书店		
制　　作	点石坊工作室		
印　　刷	保定市中画美凯印刷有限公司		
开　　本	170毫米×230毫米　16开	版　　次	2014年11月第1版
印　　张	10.25	印　　次	2014年11月第1次印刷
字　　数	133千	定　　价	31.00元